대한민국 로컬푸드 **1**번지 용진농협

한국 농업의 미래를 쓰다

정완철 · 이중진 지음

대한민국 로컬푸드1번지 용진농협,
한국농업의 미래를 쓰다

1판 1쇄 인쇄   2022년 6월 20일
1판 1쇄 발행   2022년 6월 20일

지은이 | 정완철, 이중진
발행인 | 윤선애
편집인 | 윤선애
발행처 | (주)행복스토리
등 록 | 2010년 7월 28일 제410-2010-000095호
주 소 | 경기도 고양시 일산동구 무궁화로 18 502호
전 화 | 031-917-8689
팩 스 | 031-624-0384
대표메일 | yun6845@naver.com
홈페이지 | www.행복스토리.com
ISBN   979-11-958362-5-3

* 잘못된 책은 구입하신 서점에서 바꾸어 드립니다.
* 책값은 뒤표지에 있습니다.
* 행복스토리에 대한 더 많은 정보가 필요하신 분은 홈페이지를 방문해 주시기 바랍니다.

이 책의 저작권은 저자에게 있습니다.
저작권법에 의해 보호를 받는 저작물이므로 저자의 허락 없이 무단 전재와 복제를 금합니다.

머리말

길은 만들어 가는 것이다

2010년 어느 날. 농산물 직판사업을 완주군과 같이 해보자고 완주군 임정엽 군수님의 제안이 있었다. 선진 사례인 일본의 농협 농산물 직판장 견학을 통해 한국 농협만의 농산물 직판사업을 시도해보자는 것이었다.

여러 농협과 기관에 요청했지만 새로운 사업제안에 아무도 선뜻 나서지 않는 상황이었다. 그러나 용진농협 정완철 조합장님은 달랐다. 임직원이 모인 자리에서 그는 "로컬푸드 직매장은 농협이 진짜 해야 할 일"이라며, "남은 임기 3년 동안 어떻게 해서든지 성공시켜야겠다."고 소신을 말했다.

그렇게 소집한 간부회의 반응은 냉랭했으며, 모두가 고민에 빠져 정적이 흘렀다. 왜냐하면 그동안 농산물 직거래사업을 많이 추진해봤지만, 생산자 소비자 모두 만족한 결과를 내지 못했던 것을 간부들도 알고 있었기 때문이다.

평소 농산물 직거래에 관심이 많았던 이중진 상무는 선뜻 조합장님의 의지에

> 농가들의 생산지도도 중요하지만,
> 농산물의 제값을 받을 수 있는
> 유통지도를 하고 싶다.

———

동조하며 이 사업을 본인이 맡아서 추진하겠다고 말했다. 그러면서 이제는 농가들의 생산지도도 중요하지만, 농산물의 제값을 받을 수 있는 유통지도를 하고 싶다고 피력했다. 그러자 정지기 전무, 홍의춘 상무 등도 함께하자고 동의했다.

아무도 이날의 회의가 이러한 대대적인 농촌 변화를 이끌 첫 시작이라고는 상상하지 못했을 것이다.

이후 이사회에서는 부결이 나왔다. 용진농협의 위치는 그냥 지나가는 자리지 머무는 자리가 아니어서 상권 형성이 안 될 것이라는 의견과 10분 거리의 농산물 도매시장과 대형마트 존재를 두려워했다.

그러나 조합장님 의견에 동참하는 사람들도 있었다. 반대 의견을 표시하던 이사님들을

"로컬푸드 직매장은 농협이 진짜 해야
할 일"이라며, "남은 임기 3년 동안
어떻게 해서든지 성공시켜야겠다."

1:1로 간부직원들이 설득하기 시작했다. 반응에 낙담할 때도 있었지만 그때마다 조합장님과 이중진 상무는 '길은 만들어가는 것이다.'라는 문장을 떠올리며 의지를 굽히지 않았다.

농협이 농가를 위해 어떤 일을 할 수 있을까?
영세농들에게 안정적인 생계 수단을 마련해주기 위해 노력해야 하지 않을까!
고령화되는 농가와 마을을 활성화시키고 힘이 돼주어야 하지 않을까!
지역에서 벌어들인 돈이 지역에서 쓰여 지역경제의 선순환 구조가 자리 잡게 해야 하지 않을까.
그게 농민을 위해 농협이 해야 하는 역할이 아닐까.

딱 3년만 해보자고. 할 수 있는 것은 해보

정완철(왼쪽)과 이중진(오른쪽)

자고. 수많은 설득 끝에 결국 모든 임원진이 참여 의사를 밝혔다. 이분들이 긍정적으로 검토해주고 같이 이야기해준 덕에 대의원총회에서는 전원 찬성으로 결론 나게 되었다.

설득 이후에는 경험과 배움이 따라와야 한다. 그렇게 완주군과 용진농협은 로컬푸드 직매장을 위하여 선진 사례 견학 연수를 떠나게 되었다. 완주군 농촌 변화를 가져올 대장정의 시작이었다.

임원들을 겨우 설득하고 나서도, 수많은 어려움이 찾아왔다. 로컬푸드 출하를 위한 새로운 농가 교육 프로그램을 만들어야 했으며, 농민들을 찾아다니며 설득도 해야 했다. 눈으로 보이지 않는 성과에 좌절하기도 했고, 또 다른 반대들도 계속 찾아왔다. 아무것도 없는 허허벌판에 새롭게 농지를 일구는 기분이었다. 그래도 버틸 수 있었던 것은 믿고 따라준 소중한 직원들과 시작을 함께해준 농가들 덕분이었다. 모두의 노력 끝에 '대한민국 로컬푸드 1번지'라는 수식어를 얻을 수 있게 되었다.

현재 전국에 로컬푸드 매장은 700여 개가 있는데 그 중 완주군에만 11개가 있다. 전국적으로 로컬푸드 직매장이 많이 생겨나고, 용진농협처럼 농가를 위해 노력하고 있다. 하지만 용진농협은 여기서 그치지 않고 도농상생터, 완주푸드 허브사업단 등을 통해 농촌융복합산업의 기반을 닦았다.

2019년부터 농촌융복합산업지구 조성사업에 선정되어 6차산업의 중심지로 발전하고 있다. 완주에는 로컬푸드 가공센터가 2개소, 6차 인증 사업자가 43개소나 된다. 로컬푸드 직매장이 단단한 뿌리가 되어주니 이를 활용한 2차 가공과 3차 서비스가 계속 가지처럼 다양하게 뻗어나가고 있는 것이다.

이 책은 정완철 조합장과 이중진 상무를 비롯해 10여 년간 쉴 틈 없이 달려온 용진농협 사람들, 800여 명의 로컬푸드 출하농가, 지역주민들의 소중한 땀방울과 결실을 담고 있다. 그리고 로컬푸드 사업에 대한 기록이자 가이드북이며, 궁극적으로 농촌이 가야 할 길을 보여주고 있다.

이 책이 나오게 되기까지 도움을 준 많은 이들에게 감사를 전하며, 특히 책 집필에 큰 용기를 준 박현숙(전 일산농협 상임이사) 님께 고맙다고 말씀드리고 싶다.

추천사

로컬푸드 직매장 실천
10년의 과정 읽고 눈물겨운 감동 느껴

10여 년 전, 용진농협의 로컬푸드 직매장 개설 당시 잠시 둘러본 경험이 있습니다. 용진농협이 벤치마킹한 일본 오오야마 농협은 35년 전 일본 사무소장 시절부터 견학을 갔고, 이를 모델로 한국농협도 일촌일품운동, 농산물직매장 운영, 농업공원 운영, 문산농장(文産農場) 등으로 발전하기를 기원하는 마음으로 10여 권의 책을 출간했습니다. 또 우리의 농촌과 농업 관련 임직원과 공무원 교수 등 방문 견학을 안내한 적이 있습니다.

견학을 통해 선진농업을 실천하기를 바랐지만, 이를 실천하는 농협을 볼 수가 없었습니다. 매년 수많은 사람들이 관광의 일환으로 보고 지나쳐버리고 실천하는 모습을 볼 수 없어서 안타깝게 생각했습니다.

그런데 용진농협이 로컬푸드 직매장을 정착시키기 위해 10년간 피나는 노력 끝에 성과를 올리고 있고, 그 내용을 담은 이 책을 읽어 보면서 눈물겹도록 감격

했습니다. 지방 행정의 군수와 농협 조합장, 농협 직원이 함께 한국 실정에 맞는 로컬푸드 직매장 시스템을 만들어가고 있는 것입니다. 내가 선진농업 견학지를 안내하면서 바랐던 소망이 이뤄지고 있는 것입니다.

세계 모든 선진국은 자국의 숲은 모두 벌채해버리고 남의 땅 아마존의 숲은 지키라고 합니다. 문명 이전에는 숲이 있었고 문명의 뒤에는 사막이 남는다고 할 정도가 되었습니다. 최근 코로나19 감염증의 발생은 지구가 자기 자신을 지키기 위해 자정작용으로 일어난 것이라는 설도 있습니다.

오늘의 완주군과 같은 농촌지역 과소화는 코로나19 예방을 위해 남겨둔 피난처로 보는 견해도 있습니다. 코로나19의 감염 확대는 질병의 글로벌화를 초래했고, 전 세계를 꽁꽁 얼어붙게 했습니다. 그렇다면 인간 생활의 로컬화 즉 완주군과 같은 환경과 일자리가 있는 지역이 해결책이 될 것입니다.

환경변화에 대응해 가면서 일거리와 농업이 있는 농적행복(農的幸福)을 실천하는 용진지역 사회가 되기를 기원합니다.

인구 늘어가는 완주군, 건강수명 1번지 완주군으로 발전하길

초창기 완주지역의 영세농가를 살려야 한다는 시대적 요구 충족을 위해 로컬푸드 직매장을 설치했다고 한다면, 이제는 한 단계 업그레이드시켜서 완주지역 인구소멸 대책의 일환으로 로컬푸드운동이 발전되기를 기대합니다. 로컬푸드 운동은 일자리와 소득이 생기고 안정적인 삶으로 인해 지역소멸 우려도 해결된다고 봅니다.

최근 정부는 인구소멸 대책의 일환으로 연간 22조 원의 정부예산을 책정했다고 들었습니다. 군 단위에 200억 원의 예산이 투입된다고 합니다. 이제 완주군과 용진농협은 인구소멸 대책에서도 모델이 되는 농촌 지역사회가 되기를 기원합니다.

이를 위해 행정과 농협이 함께 가칭 신규 취농자, 정년 귀농자 교육프로그램을 운영해서 지역소멸 우려를 불식시키고 한국농촌에서 유일하게 인구가 늘어가는 완주군, 건강수명 1번지 완주군으로 발전하기를 기원합니다.

한일농업농촌문화연구소 대표 현의송

추천사

> "농협이 무엇을 해야 하는가",
> 용진농협 로컬푸드 직매장이 그 정답!

이 책은 날로 고령화하고 쇠퇴해가는 우리나라 농촌에서 "농협이 우선 무엇을 해야 하는가"라는 질문에 답하는 완주군 용진농협의 정완철 조합장님과 임직원들이 10년간 쏟은 열정과 땀의 결정인 로컬푸드 사업의 성공 사례입니다.

농산물은 생물입니다. 아무리 교통이 발달하고 수확, 보관, 운송, 판매 시설이 선진화해도 농가가 생산한 신선하고 질 좋은 농산물을 소비자의 식탁에 당일 올린다는 것은 힘든 일입니다.

잘 아시다시피 농협은 농업생산자들의 자조단체로 생산, 신용, 소비조합 기능을 망라하는 세계에 유례가 없는 종합협동조합 사업체이며 운동체입니다.

1960년대 초창기, 영세 소농들의 마을 단위 생산자조직으로 출발한 농협은 강력한 중앙회의 하향식 교육과 지도로 '협동생산 공동판매'라는 슬로건을 내걸 었습니다. 그러나 워낙 생산기반이 취약하고 조합의 경영기반이 영세해 일제의 유물인 5일장, 구판장, 공판장 체제를 벗어나지 못하고 생산자는 농산물의 제값 을 받기는커녕 한 많은 보릿고개를 넘지 못했습니다.

1970년대에 들어서 새마을운동에 힘입어 조합 규모를 면 단위 경영체제로 키 우고 신용조합기능을 제고해 고리사채를 해소하고 영농자금의 공급 규모를 확 대하면서 주곡의 자립에 이바지하였습니다. 또 소비조합형태의 생활물자 연쇄점 사업을 실시하여 조합의 경영기반을 확충하면서 생산자단체 본연의 작목반을 육성하며 원활한 유통사업에 대비했습니다.

그러나 우리나라 경제가 주곡의 자급을 달성하고, 고도산업사회로 본격 진입 하게 되는 1980년대에 들어서, 세계는 자유무역을 지향하면서 불행하게도 우리 의 열악한 농업은 무차별 개방 압력을 받게 되었습니다. 이에 농협중앙회는 정부 의 자유무역체제로 진입하는 과정 속에서 '선 농업구조개선 후 농산물시장개방' 하자며 신토불이운동을 강력 전개하면서 정부의 농업경시 개방정책에 반대의견 을 제시하였습니다.

신토불이운동의 본질은 생산자 농민은 신선하고 질 좋은 농산물을 생산하고, 소비자는 제철 우리 농산물을 애용해서 국민건강을 지키고 농업기반을 유지 확 보해 개방경제시대에 적응하자는 것입니다.

그러나 주곡인 쌀을 중심으로 농산물시장은 개방되었고, 농협은 농특세로 거 둔 예산을 지원받아 생산자조직과 유통문제 해결보다 소비조합형태의 하나로마 트 사업에 치중했습니다. 다양한 소비자의 수요에 대응하지 못하고 IMF의 역경 을 헤쳐 나가야 했던 것입니다.

농협은 작목반 강화와 유통개선에 이바지하지 못하고 생산자단체의 소임을 다하지 못한 채 깊은 늪에 빠져들게 되었습니다. 2000년대에 들어서 정부는 농협을 돈 장사만 하고 유통을 소홀히 한다며 구조개편 작업에 착수하게 되고, 농협은 협동조합 기업형태로 변질되어 생산자단체 본연의 기능을 발휘하지 못했습니다.

농협은 소비자 욕구에 귀 열고 농산물 유통구조개선에 박차 가해 주길

21세기에 들어 비로소 용진농협과 같은 선두적인 지도자들이 앞장서 유럽의 슬로푸드, 미주의 파머스마켓, 푸드 마일리지, 이웃 일본의 지산지소에 못지않은 신토불이운동이 일어나고 있습니다. 생산자 농민 중심으로 본격적 농협운동의 횃불을 들게 된 것입니다. 앞장서서 나아가는 용진농협은 한껏 자랑해도 모자를 선례입니다.

사랑하는 농협의 후배들은 이 책을 한 번 정독하고 나서 땀과 열정의 결정인 용진농협의 직거래장터 현장에 직접 가서 눈으로 보길 바랍니다.

소비자들의 욕구에 귀를 열어 대망의 농산물 유통구조 개선에 박차를 가해 주시면 고맙겠습니다.

초대직선 농협중앙회장 한호선

추천사

얼굴 있는 먹을거리
용진농협이 말하는 로컬푸드

지구 생태계를 걱정하는 목소리가 높습니다. 그러다보니 탄소중립이 국가 정책의 화두가 되고 기업경영에도 ESG(Environment Social Governance) 열풍이 불고 있습니다. 농생명 산업의 소중함도, 농촌의 중요성도 재평가를 받고 있습니다. 그래서인지 요즘 도심의 로컬푸드 매장을 찾는 이가 더 많아지고 있습니다. 용진농협 임직원과 손을 맞잡고 이 고장을 '대한민국 로컬푸드 1번지'의 명성을 함께 이뤄낸 저로서도 매우 흐뭇하고 자랑스럽습니다.

로컬푸드의 정상에 오른 지금, 우리는 제2의 도약을 꿈꾸어야 합니다. 제가 보기에 전국에 700개의 직매장이 개설되도록 이끈 동력이 무엇인지 근원을 따져보고 한류의 흐름을 타고 지구를 살리는 생명운동으로 어떻게 이끌어야 할지도 고민해보는 것도 한 방법이라고 생각됩니다.

그런 점에서 저는 동학(東學)을 주목하고자 합니다. 때마침 이 시대의 석학들이 생태계의 위기극복 방안으로 동학을 강조하고 있는 것은 결코 우연이 아닙니다. 서구 중심의 가치관이 기후위기를 비롯한 생태계의 위기, 인간 소외, 양극화를 초래한 것은 주지의 사실입니다. 이를 해결하기 위해서는 자연과 공존하는 삶을 바탕으로 사람이 주체가 돼 현대 문명의 폐해를 걷어내고 새로운 비전을 제시해야 하는데, 그 핵심 철학이 동학이라고 강조합니다. 도올 김용옥 선생도 동학이 품고 있는 생태철학을 중시하고 생태공동체까지 주창하고 있습니다. '음식도 하늘'로 여기는 동학의 생명 중시 사상을 극찬하는 이유도 거기에 있습니다.

한 걸음 더 나아가 이 고장의 로컬푸드 문화를 한류에 실어 지구 곳곳, 세계인의 삶 속에 녹아들도록 노력해야 합니다. 지구 위기를 로컬푸드로 해결하는 완주군이라는 값진 이름을 얻을 때, 세계적인 탐방지로도 주목을 받을 수 있습니다. 로컬푸드를 사랑한 나머지 '글로벌 완주'를 위한 상상입니다만 동학의 주요 유적지인 점, 한류과 한국 로컬푸드의 상관성에 욕심을 내고 싶은 심정입니다. 로컬푸드를 글로벌한 시각과 우리 고유의 사상으로 조명하는 학술대회, K-POP을 비롯한 K-컬처에 접목시키는 시도도 큰 의미가 있을 것입니다.

로컬푸드의 산증인인 정완철 조합장의 경영마인드와 리더십, 이사회의 용기, 대의원들의 의욕, 용진농협 이중진 상무님과 직원들의 열정. 참여 농가들의 소중한 땀방울이 오늘의 로컬푸드를 일궈냈습니다. 도계, 두억, 부평, 서계, 신봉마을에 활짝 핀 마을기업. 완주떡메마을과 영농조합 꿈드림으로 용솟음친 사회적기업. 가공식품의 사업화 결실을 이뤄낸 미르 영농조합과 봉동댁. 이 모두 10년 넘게 앞만 보고 달려온 노력으로 빚어낸 성과들입니다.

무엇보다도 가장 뿌듯한 것은 농가 소득향상과 농민들의 자신감 획득입니다. 지방 소멸, 농촌 소멸의 시대에 '우리는 다르다'는 남다른 자긍심은 로컬푸드에 참여한 모든 이들을 단단히 결속시키는 힘입니다. 그 결속이 시작된 10여 년 전 구슬땀과 오늘의 희열까지 이 책자에 고스란히 녹아들었습니다.

따라서 이 책은 국내외 로컬푸드 분야 연구자들에게 1차 사료(史料)로서 매우 큰 가치를 지니고 있습니다. 또 국내외 지역 단위 로컬푸드 직매장을 개척하려는 이들에게도 소중한 교과서입니다. 로컬푸드의 바이블로서 손색이 없을 것으로 자부합니다.

전 완주군수 임정엽

CONTENTS

03   머리말
08   추천사

CHAPTER 1
얼굴 있는 생산자,
얼굴 있는 소비자

01. 로컬푸드 운동이란?
1_ 식품의 신선도와 이동거리는 얼마나 상관관계가 있을까?   24
2_ 우리가 만나는 상품의 가격은 어떻게 책정될까?   26
3_ 유통단계 거칠수록 높아지는 농산물 가격   28

02. 로컬푸드 확산은 시대적 요구!
모두가 상생하는 길, 로컬푸드 직매장   31

CHAPTER 2

농민의,
농민에 의한, 농민을 위한

01. 발로 뛰며 배우는 로컬푸드 창업
   1_ 일본 규슈 로컬푸드 매장들을 벤치마킹하다   38
   2_ 농민의 삶과 고충이 존재하는 현장에서 이뤄지는 직원회의   44

02. 농협과 농민들의 마음을 움직인 역지사지
   1_ 소신과 원칙의 커리큘럼으로 농가를 설득하다   50
   2_ 천막 로컬푸드 임시 직매장으로 시작된 용진농협의 도전   53
   3_ 현직 임원이어도 예외 없는 철저한 시스템   57

03. 헌신을 보람으로 느낀다
   1_ 솔선수범의 리더십 정완철 조합장   60
   2_ 농가 위한 소명의식과 헌신이 일군 성공   62

04. 함께하는 로컬푸드 1번지를 일구다
   1_ 지역의 손으로 일군 로컬푸드 1번지   65
   2_ 로컬푸드와 함께 성장한 용진농협   68
   3_ 고품질 농산물 판매 위해 매일 품질관리   72
   4_ 우리가 벤치마킹 대상   76

CHAPTER 3
지역을 살리는 로컬푸드, 성장하는 완주

01. 농산물 판매 우수 사례
    1_ '무한 책임 상품' 생산자, 이양순 이진순 유기농 자매 이야기   84
    2_ 로컬푸드 신바람! 친환경 시금치 농가 이야기   88
    3_ 귀농 딸기 농가 부부 이야기   90
    4_ 지역 농산물로 건강 밥상 차리는 소비자의 로컬푸드 이야기   94
    5_ 연 매출 5천만원 달성한 용진 토박이 농가의 비결   96

02. 가공식품 사업화 우수 사례
    1_ 로컬푸드 전문가 미르 영농조합 박선영 대표   101
    2_ 지역경제와 고용창출, 두 마리 토끼를 잡은 봉동댁 오현명 대표   105

03. 용진농협 로컬푸드 직매장의 자부심, 마을기업
    1_ 행안부 우수마을기업 선정된 도계마을   109
    2_ 연간 1만 여명 찾는 농촌치유마을 두억마을   114
    3_ 전통방식 발효식품으로 유명한 부평마을   118
    4_ 한과로 지역경제 활성과 일자리 창출하는 서계마을   120
    5_ 주민 60% 이상 귀촌인으로 구성된 신봉마을   123

04. 용진농협 로컬푸드와 함께하고 있는 사회적 기업
    1_ 떡 생산으로 장애인 직업교육과 재활 돕는 완주떡메마을   127
    2_ 팜하우스, 팜카페, 팜교육장까지 농촌의 희망을 제시하는 담소담은   131

CHAPTER 4
지역의 미래를 책임지는 로컬푸드

01. 지역에서 생산·소비하는 로컬푸드, 희로애락 지역공동체

    1_ 치매 어르신을 보듬은 지역공동체, 용진농협 직매장   139
    2_ 고령화된 농촌의 로컬푸드 산업   143
    3_ 대구 황 대표 이야기로 본 공정한 경쟁   145
    4_ 상생의 장터 로컬푸드 직매장   152

02. 용진농협으로부터 시작, 전국으로 확산되는 로컬푸드

    1_ 매출액 130억원의 신화를 이룬 봉동농협 로컬푸드의 비결   155
    2_ 16개소 운영하는 일산농협 로컬푸드 직매장   157
    3_ 경상권 로컬푸드 산업의 선두주자, 천북농협 로컬푸드 직매장   162

03. 농촌관광 거점 역할하는 로컬푸드 직매장

    1_ 도시와 농촌 이어주고 지역민의 문화공간, 도농상생센터   167
    2_ 농민과 소비자 '오감만족, 도농상생 교류 행사   177
    3_ 복합사업 위한 완주푸드 허브사업단 출범   181
    4_ 30억 원 정부 지원받아 농촌 융복합산업의 미래 만든다   190

04. 완주군, 용진농협, 로컬푸드의 최종 미래는?   200

부록 용진농협 로컬푸드 관련 서식   207

    용진농협 로컬푸드 품질관리위원회칙 / 용진농협 로컬푸드직매장 출하등록 신청서
    용진농협 로컬푸드 직매장 참여농가 준수사항
    용진농협 로컬푸드 가공식품 (신규, 추가) 출하 신청서
    가공식품 원료(원재료·부재료) 수급 내역서 / 농산물 원산지 증명서(구매용)
    가공식품 제품가격 산정서 / 가공품 변경 신청서
    가공식품 제품가격 변경 신청서 / 용진농협 로컬푸드 직매장 출하약정서

CHAPTER 1

얼굴 있는 생산자, 얼굴 있는 소비자

01. 로컬푸드 운동이란?
02. 로컬푸드 확산은 시대적 요구!

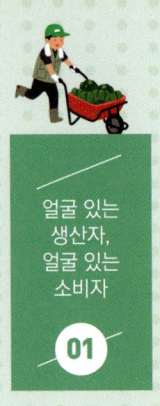

얼굴 있는 생산자, 얼굴 있는 소비자

01

로컬푸드 운동이란?

　로컬푸드 운동의 근본 취지 두 가지는,
　첫 번째, 생산자와 소비자 사이의 이동 거리를 단축해 식품의 신선도를 극대화하자는 것,
　두 번째, 중간 유통단계들을 없애서 농민과 소비자에게 돌아가는 이익을 최대한 보장해주자는 것이다.

1_식품 신선도와 이동 거리는 얼마나 상관관계가 있을까?

당일 수확한 농산물을 당일 만나는 로컬푸드 직거래 매장

　우리나라는 도로 교통망과 배송 플랫폼이 잘 구축되어 있어서 전국 어느 곳에서나 신선한 먹거리를 수일 내로 받아볼 수 있다. 게다가 요즘은 산지 직송 배달서비스가 발달돼 있어서 식품의 신선도를 수월하게 유지 관리할 수 있다.

　그러나 이는 한계가 있다. 밭에서 나는 생산물들은 수확하는 순간부터 변질

되기 때문이다. 아무리 산지 직송 총알 배송이어도 가는 동안에 신선도는 떨어지기 마련이다. 과학의 힘으로 신선도를 최대한 유지한다고 해도, 당일 생산한 제품을 당일 판매하는 로컬푸드의 신선도에는 적수가 못 된다. 특히 신선도가 맛과 영양에 결정적 영향을 미치는 채소와 과일의 경우 이 차이는 더 크다.

출하된 지 꽤 되었는데도 매대에 두는 일반 마트와 달리 로컬푸드 직거래 매장에서는 당일 판매하고 남은 제품은 모두 회수해가는 것이 원칙이다. 당일 생산품으로만 채워지는 이 핵심 방침은 로컬푸드의 신선함 유지에 큰 역할을 하고 있다. 재고가 없으면 제품을 오래 보존하기 위한 화학 첨가제나 방부제를 쓸 필요도 없어지게 되므로 건강에도 훨씬 좋다. 맛과 영양, 건강까지 모두 챙길 수 있는 일석삼조의 방식이 바로 로컬푸드라고 할 수 있겠다.

이동 거리가 멀다는 것은 농산물을 운반하는데 많은 과정을 거친다는 말이다. 운반과정마다 발생하는 수많은 이산화탄소를 생각해보자. 공정처리를 줄이고 교통수단을 빼면 이산화탄소 배출량이 훨씬 감소하게 된다. 이 유통단계의 축소는 환경을 지킬 수 있도록 엄청난 힘을 발휘할 것이며, 그 힘으로 지켜진 환경에서 다시 신선한 농산물들이 자랄 수 있게 된다.

로컬푸드로 깨끗한 환경을 만들면 그 환경이 다시 신선한 로컬푸드를 만든다. 이 바람직한 선순환은 소비자에게 신선한 식품을 제공하고 생산 농가의 수익을 높여주겠다는 목적 외에도 로컬푸드 운동이 계속 시행되어야 할 필요성을 시사한다.

2_우리가 만나는 상품의 가격은 어떻게 책정될까?

상품 가격을 비싸게 만드는 주범, 중간유통단계

"이동 거리를 최대한 줄여 중간유통단계를 없애면 수수료가 발생하지 않아 생산자와 소비자가 모두 이익을 얻는다."는 것이 로컬푸드 직거래의 핵심사업 시스템이다. 도대체 중간유통단계에는 어떤 절차들이 있고, 수수료는 어디에서 발생하는 걸까? 소비자가 마트나 백화점에서 원산지보다 훨씬 비싼 가격을 주고 제품을 구입한다. 그런데 왜 농축산 생산자들이 가져가는 수익은 턱없이 부족한 것일까? 조금 더 구체적으로 알아보자.

대형마트와 직접 거래가 가능한 20~30% 정도의 대규모 농가를 제외하면, 대부분 농산물은 우선 농수산물 공판장으로 가게 된다. 여기서부터 벌써 중간비용이 발생한다. 농가가 잘 선별 포장하여 공판장으로 갈 때 농산물의 용량에 따라 평균 500~1,500원 정도의 운임이 발생하기 때문이다. 물론 직접 운송하는 농가들이 많으니 이 비용은 절약할 수도 있다.

명절 제사상에 단골로 올라가는 과일인 배를 생각해보자. 보통 7~9개 정도의 7.5kg 배 한 묶음당 200~300원 정도의 하차비를 지급한다. 공판장에서 생산자가 직접 물건을 내려야 할 경우에도 이 비용은 지불해야 한다. 이후 배 농가는 중도매인 경매에 참여하게 된다. 보통 과일 경매는 약 7%의 경매 수수료를 뺀 금액이 농가의 수취 가격이 된다.

이제 생산 농가가 가져온 배는 중도매인의 물건이 되었다. 도매인은 이 중 일부는 약간의 마진을 붙여서 식자재 마트나 청과상 등에게 직접 판매한다. 그리고 남은 과일 대부분은 전국 각지의 소매 매장, 대형마트 등으로 보낸다. 주로 1t~5t 트럭을 이용하는데, 여기서 다시 한 짝당 500원~1,500원의 운송비가 발생한다.

대부분의 대형마트나 백화점은 유통센터에 물건을 집하해놓고 재작업을 하는 경우가 많다. 사과, 배 혼합세트를 만든다든지 2립, 3립 팩 혹은 낱개 포장 등 자신들의 브랜드 박스 포장을 이용하여 다양한 상품 구성을 만든다. 당연히 이 과정에서도 비용이 발생한다. 기업이 투자한 만큼 마진을 더 붙여 팔 수밖에 없다.

그리고 이 물건 중 상당수는 전국 각지 다양한 규모의 소매 매장으로 흘러가고, 소매 매장에서 또 한 번 새로운 상품 분류와 포장의 과정을 거치게 된다. 운송과 분류 포장비는 물론이고 소매상 역시 이윤을 남겨야 하니 모든 비용을 포함해 제품 가격을 책정하는 것이다.

3_유통단계 거칠수록 높아지는 농산물 가격

불합리한 유통 경로 개선 방법, 로컬푸드 직매장

　공판장에서 1만 원으로 출발한 7.5kg짜리 배 한 박스는 수많은 유통단계를 거치면서 추가 비용이 발생해 소비자 앞에는 1만4천~1만5천 원의 가격이 된다. 여기서 끝이 아니다. 생산자는 공판장에서 항상 정당한 가격을 받고 물건을 팔 수 있을까? 그렇지 않다. 대형마트나 백화점은 자주 할인행사를 하는데 이것 또한 생산자 몫이다. 대형마트에서 할인행사로 가격을 낮추는 방법은 할인율만큼 생산 농가의 수익을 낮추는 것이다. 이를 거부하면 다음 판매 참여에 불이익을 입게 된다. 결국 생산 농가들은 땀과 정성을 쏟아 부어 자식처럼 기른 농산물을 헐값에 팔아야 한다. 그래야 현재의 불합리한 유통 경로나마 유지하고 먹고살 수 있기 때문이다.

농산물은 수많은 유통단계를 거치면서 가격이 올라간다.

농가 생산자와 소비자의 직거래 채널을 늘리려는 움직임이 일어나고 있다.

다행히 최근에는 대형 유통매장에서도 유통단계를 줄이고 농가 생산자들과 직거래 채널을 늘리려는 움직임들이 일어나고 있다. 여기서 더 나아가서 지역 주민들이 자발적으로 나서서 이웃의 신선한 농산물을 사고팔고 먹을 수 있으면 더 의미 있는 일이지 않을까?

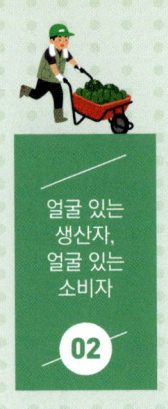

얼굴 있는
생산자,
얼굴 있는
소비자

02

로컬푸드 확산은
시대적 요구

　10년 전 로컬푸드 사업을 기획할 당시 핵심과제는 '지역 영세농가 살리기'였다. 대한민국 농가 중 80%가 농지 1헥타르 미만, 연소득 2천만 원 이하의 영세농가다. 이들은 대형유통 구조의 규모와 단가를 맞추기 어렵고, 일정 규모 이상의 농가에 집중되는 정부지원사업의 혜택을 받기도 힘들다. 땀 흘려 농사를 지어도 농산물을 팔 수 있는 판로가 없고, 기존 유통구조로는 고생에 비해 얻는 수익이 낮아 가난에서 벗어날 수 없다. 이런 모습을 보고 자란 자녀들은 농촌에 희망을 품지 못하고 도시로 떠난다. 노인들만 남은 농촌은 낙후되고 점점 활기를 잃어가게 된다.

　이런 악순환의 고리를 끊고 지역경제를 되살리려면 영세 농민들에게 안정적인 판로를 확보해줘야 한다. 그 해답이 바로 로컬푸드 직매장이다. 로컬푸드 직거래는 중간유통단계가 없어서 수수료가 발생하지 않아 농민들의 수익이 높아진다.
　대형 유통구조에서는 단계마다 발생하는 중간 수수료와 인건비, 운영 관리 등 부대비용이 발생하고, 판매되는 제품에서 가져갈 수밖에 없다. 이 구조는 고스란히 소비자의 몫이 된다. 농산물이 식탁에 오르기까지 발생하는 비용은 소비자가 지불하기 때문이다. 따라서 유통구조에 따른 비용은 생산자의 수익을 낮추고 소비자에게는 부담으로 작용한다.

모두가 상생하는 길, 로컬푸드 직매장

얼굴 있는 생산자와 얼굴 있는 소비자가 만드는 건강한 지구

로컬푸드 직매장은 시골 어머니가 시장에 내다 팔기 위해 농사지은 곡식이나 채소를 그대로 직거래 매장 안에 옮겨놓은 것이라 할 수 있다. 생산자는 더 쉽고 편리하게 제값을 받고 물건을 팔 수 있는 대신 최고의 품질과 위생, 안전, 서비스 등을 책임져야 한다. 또 이를 위해 철저히 교육받고 지침을 따라야 한다. 당일 출하, 당일 판매, 생산자 이력제 등 혜택만큼 책임이 따른다.

소비자는 신선한 제품을 생산자 이력과 상세내역을 확인하고 살 수 있으니 신뢰하고 먹을 수 있다. '얼굴 있는 생산자, 얼굴 있는 소비자' 관계가 형성되는 것이다. 용진농협은 매장 관리와 홍보, 최신시스템 도입 등 원활한 운영에 힘쓰고 농가 지원, 인재 육성 등 지역발전을 위한 선순환 구조의 중심이 되고 있다.

건강한 먹거리, 균형 잡힌 식단에 대한 수요는 날이 갈수록 증가하고 있다. 또 환경보호와 착한 소비에 대한 관심도 부쩍 커졌다. 때문에 로컬푸드 산업은 더 이상 농촌만의 과제가 아니다. Covid-19 대유행의 사태를 겪으며 우리는 살아가는 환경과 매일 먹는 음식이 건강한 삶에 얼마나 큰 영향을 끼치고 있는지 절실하게 깨닫고 있다.

로컬푸드 소비는 일상에서 개인의 건강과 공동체의 환경을 함께 지켜낼 수 있는 작지만 위대한 걸음이다. 당장 원산지에서 판매지까지의 차량 운송만 줄어들

생산자를 확인할 수 있어서 신뢰를 주는 로컬푸드 직매장

어도 이산화탄소 배출량이 눈에 띄게 감소하고 지구의 대기 질이 개선된다. 또 식재료를 장기간 보존하기 위한 화학 첨가제나 방부제 등의 사용량이 대폭 줄어든다.

이미 세계 여러 나라에서 로컬푸드의 가치와 철학을 깨닫고 실행에 옮기고 있다. 1백 마일 이내에서 생산된 식재료만을 섭취하자는 캐나다의 1백 마일 다이어트(100mile diet), 지역 내 생산과 지역 소비를 장려하는 일본의 지산지소(地産地消) 운동, 전통 먹거리 보존과 소규모 생산자를 보호하는 이탈리아의 슬로우 푸드(Slow Food) 캠페인 등이 대표적 사례들이다.

국내에는 현재 용진농협을 포함해 700여 곳의 로컬푸드 직매장이 전국 각지에서 운영 중이다. 이런 노력이 결실을 거둬서 우리 아이들에게 깨끗한 환경과 건강한 먹거리를 물려줄 수 있기를 바란다.

CHAPTER 2

농민의,
농민에 의한,
농민을 위한

01. 발로 뛰며 배우는 로컬푸드 창업
02. 농협과 농민들의 마음을 움직인 '역지사지'
03. 헌신을 보람으로 느낀다
04. 함께하는 로컬푸드 1번지를 일구다

농민의,
농민에 의한,
농민을 위한

01

발로 뛰며 배우는 로컬푸드 창업

용진농협 로컬푸드 직매장은 생산 농가들에게 안정적인 소득을, 구매하는 소비자들에게는 안전한 먹을거리를 보장하며 농산물 유통업계의 새로운 획을 긋고 있다. 농민이 직접 농산물을 생산하고 수확하여 포장, 진열까지 하는 과정은 얼핏 보면 집요해 보이지만, 그만큼 소비자들에게 믿음을 주게 된다. 또한 지역 경제 선순환에 도움을 주기 때문에 소비자와 생산자 모두에게 삶의 질을 높이는 효과를 주고 있다.

우선 생산자 정보들이 공개되니 소비자는 안심할 수 있다. 또 싱싱한 재료를 좋은 가격에 살 수 있기 때문에 식탁도 풍족해진다. 또한 유통과정이 생략되니 사이사이에 붙던 수수료가 없어져 생산자들 역시 헐값에 농산물을 팔지 않고 제값을 받을 수 있다. 대형 유통망에 치어 힘들던 영세농가에 판로를 보장해주고, 가공센터도 생겨서 생산물의 가치를 더 높여주고 있다.

푸드 마일리지는 낮추고, 건강과 지역경제 마일리지는 높이는 로컬푸드 직매장이 있기까지의 과정을 살펴본다.

용진농협 로컬푸드 직매장 내부 전경

1_일본 규슈 로컬푸드 매장들을 벤치마킹하다

일본 견학이야기 | 미찌노에끼와 오오야마농협

열정과 이상만으로 되는 일은 없다. 즉, 로컬푸드 직거래 사업을 안정적으로 자리 잡게 하기 위해서는 우리 실정에 맞는 세밀하고 현실적인 특화 전략이 필요한 것이다. 우선 용진농협 조합 소속의 생산 농가들에 적합한 판매와 홍보 전략부터 찾아야 했다. 농산물의 상품 가치를 높이고 알려서 대형마트로 향했던 소비자들의 발길을 로컬푸드 직매장으로 돌릴 수 있는 체계적인 전략이 필요했다.

그렇게만 된다면 용진농협의 성공이 곧 로컬푸드 확산에 불을 지필 것이라는 확신이 들었다. 전국 농가의 수익증대와 농촌 경제 활성화라는 여정의 첫걸음이 바로 내가 태어나고 자란 완주에서, 또 용진농협에서 시작될 거라는 기대감으로 밤잠을 설쳤다. 물론 그렇게 되기 위해서 오랜 시간 학습하고 체험과 견학을 통해 쌓아온 자료와 사례들을 활용해야 했다.

"일본 규슈에 있는 로컬푸드 매장 사례를 벤치마킹해보자. 용진농협 실정에 맞는 것은 받아들이고 맞지 않으면 개선해서 우리 것으로 만드는 거야. 소비자와 생산자 모두를 만족시킬 수 있는 시스템을 만들어야 해!"

2010년 12월, 일본 연수에서 직접 보고 경험한 사례들을 적용하기로 했다. 또한 일본 로컬푸드 매장의 장점을 정리하고 용진농협에 맞는 방법을 기획하고 실행하기로 마음먹었다.

해외 벤치마킹을 통해 용진농협에 적용한
로컬푸드 직매장 운영안

○ **행사 명칭 : 로컬푸드 직매장**(완주군, 용진농업 협력사업)

○ **운용 형태**
완주군 관내에서 생산되는 유기농 채소, 과일 등을 아침에 수확해 당일 판매하는 1일 유통 판매장 형태로 운영한다. 우수농산물을 생산자가 선별하여 포장하고 가격도 생산자가 정한다. 신선도를 유지하기 위하여 당일 팔고 남은 농산물은 다시 생산자가 수거해 폐기 및 가공제품으로 활용한다. 농협은 일정률의 수수료만 받고 판매, 관리하여 판매대금을 정산 지급한다.

○ **로컬푸드 직매장 기대 효과**
생산자 : 농촌 인구의 고령화와 소작농이 대부분이어서 경쟁력이 없고, 전통적으로 소량 다품종을 생산하는 농가의 입장에서 인력 소요를 최소화하고 중간 출하단계를 없애 농가 수익을 높일 수 있음.

소비자 : 국적이 불분명한 정체불명의 글로벌 푸드 대신, 지역생산자와 직거래를 통한 안전하고 신선한 농산물을 저렴한 가격에 믿고 살 수 있음.

일본 직매장 탐방

1. **여 행 국 :** 일본(규슈)
2. **여행목적**
   - 일본 직매장 운영실태 벤치마킹 및 완주군 도입방안 모색
   - 체험농원 및 그린투어리즘 운영 사례 견학을 통한 정책자료 수집
   - 지역사회 일자리 창출 및 가공식품 운영실태 벤치마킹으로 완주군 접목방안 모색
3. **여행기간 :** 2010. 12. 19 ~ 12. 22(4일간)
4. **연수자 :** 완주군수 외 8명
   (완주군 4, 용진농협 4, 지역파트너 1)

2010년 12월 19~22일, 나흘간 임정엽 완주군수님과 정완철 용진농협 조합장님 이하 완주군청과 용진농협 직원들로 이뤄진 합동연수단은 일본의 로컬푸드 직매장 견학을 다녀왔다. 일본의 성공적인 로컬푸드 시스템을 벤치마킹하여 완주군과 용진농협의 로컬푸드 직매장 운영에 접목할 방법을 모색하기 위해서였다. 일본의 로컬푸드 직매장은 지자체와 지역 생산 농가 간의 협업과 상생 시스템이 성공적으로 자리 잡고 있었다.

우리는 이미 수년 전부터 독서와 자료 수집을 통하여 로컬푸드 사업의 의미와 효과 등에 대한 이론적 연구를 해왔고, 앞선 국가들의 사례도 많이 찾아보았다. 하지만 로컬푸드 직거래는 책으로 배우고 머리로 계획하기에는 분명히 한계가 있는 사업이었다. 운영단체와 생산자 간의 수익 배분, 농산물의 가격 책정과 진열, 포장 등은 어떻게 이뤄지는지, 농가들에 알맞은 상품 출하 교육 등 직접 가까이에서 보고 배울 기회가 절실히 필요했다. 따라서 '아사쿠라시 바사루 미찌노에끼', '오오야마 코노하나 가르텐', '오오야마 목혼관', '미찌노에끼 「우키하」', '물산 직매소 미찌노에끼 무나가타' 등 지역특화 직매장들을 방문했다.

우선 온난한 기후와 풍부한 자연환경이 강점인 '우키하 미찌노에끼'는 감, 배, 포도, 딸기, 복숭아 등을 판매하면서 사계절 시기별로 적합한 과수 직거래 매장을 활발하게 운영하고 있었다. 또 '무나가타 미찌노에끼'의 경우 인근 해안에서 잡힌 싱싱한 해산물을 팔면서, 개장 2년 만에 방문객 수가 300만 명을 돌파했다. 이곳은 우리나라 김해시와 협약을 맺어 상호 간의 특산품 교류가 이뤄지고 있었다.

연매출 평균 500억 원, 연간 방문객 270만 명에 달하는 오오야마 농협

오오야마 농협은 산간지역의 특성에 맞게 매실, 밤, 자두, 포도, 버섯 등을 재배하여 다품목 소량 생산, 고부가가치 판매를 추진하고 있었다. 또 농협 주도하에 마을 커뮤니티 조성과 지역경제 활성화를 위해 낙후된 마을에 비닐하우스와 식품 가공 공방, 버섯 재배하는 밭을 육성 추진하였다. 더불어 지역의 고령자를 생산 계약직으로 고용하여 급여를 지급하였다. 그 결과, 연금과 급여가 합쳐져 수익이 안정되므로 노후생활을 보장받게 되었다. 농촌을 변화시킴으로써 지역경제가 활성화되고 지역민들의 삶의 질이 높아지게 된 것이다.

오오야마 농협은 성과를 바탕으로 농산물직매장, 식당, 빵집, 찻집, 우메보시 저장실, 도예공방 등이 들어선 종합직매장 '고노하나가르텐'을 국도변에 열어 새 판로를 개척했다. 현재 오오야마 농협의 총매출은 평균 500억 원이며 방문객은 연간 270만 명에 달한다.

일본 견학에서 가장 인상 깊었던 것은 오오야마 농협의 미래에 관련된 부분이었다. 오오야마 농협은 청년들이 지금의 농촌에 남아서 로컬푸드 고부가가치 판매를 계승할 수 있도록 꿈과 희망을 심어주어야 한다고 역설했다. 농촌의 경험과 지식을 통해 부가가치를 높게 만들어 밝은 미래를 만들어야 한다고 강조했다.

배움이 많았던 오오야마 농협과는 자매결연을 맺었다. 이후 용진농협 로컬푸드 직매장 개점 때 오오야마 농협 조합장이 직접 방문해 축하해주었다.

3박 4일 연수 통해 용진농협 길을 찾다

연수 일정은 3박 4일로 빠듯했지만 우리는 지역별로 특화된 직매장 한 곳이라도 더 보려고 애썼다.

일본의 로컬푸드 직매장들을 벤치마킹하고 느낀 점은 로컬푸드 매장이 단순하게 지역에서 나는 농산물을 판매하는 방식으로는 소비자들의 발길을 잡을 수 없다는 점이었다. 잘 되는 매장들은 분명한 이유와 특징들이 있었다. 지역 특색

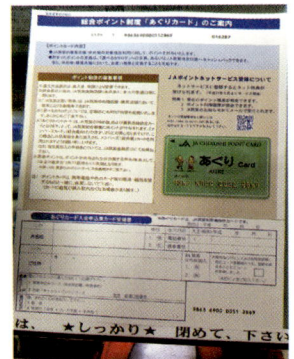

일본 로컬푸드 매장의 모습 ①

을 살린 뚜렷하고 일관성 있는 테마에 맞춰 품목을 선택해 소비자 취향에 맞춰 재가공하고 포장과 진열까지 꼼꼼하게 살피는 등 남다른 전략이 숨어 있었다.

또 생산 농가와 어민들에게 체계적이고 실용적인 교육 프로그램을 제공하고 있었으며, 운영단체와 생산자 간의 협업과 신뢰가 두텁다는 것을 느낄 수 있었다. 무엇보다 농수산물을 가공하여 지역 브랜드상품으로 개발하고, '그린투어리즘(친환경 관광)'과 '농가 레스토랑' 등의 체험관광 프로그램을 병행하고 있었다. 직거래 매장을 통해 관광객이 유입되고 고용창출과 지역경제 활성화로 이어져 그 지역이 나라를 대표하는 중심지로 부상하고 있었다.

직접 성공사례들을 체험하고 나니 앞으로 우리가 걸어가야 할 길이 조금 더 뚜렷하게 보이는 듯했다. 이제 빠르고 강력한 실천이 뒤따라야 했다. 가장 먼저 용진농협 조합원들을 중심으로 생산 농가들에게 로컬푸드 직거래 사업의 당위성과 유익함을 안내하고 설득해서 참여하게 하는 일이 급선무였다. 그리고 로컬푸드에 맞는 상품 출하와 판매 교육 시스템을 마련하고, 특화상품과 프로그램을 개발해야 했다.

로컬푸드 사업의 핵심가치는 '소비자에게 신선한 식품을, 생산자에게 최대 수익 보장'이다.

그동안 이론으로만 존재했던 것이 실제 현장에서 구현되는 것을 보니, 로컬푸드 사업은 지역 경제를 살리고 새로운 식생활 문화도 이끌 수 있다는 확신이 더

일본 로컬푸드 매장의 모습 ②

욱 커졌다. 우리가 일본에 비해 후발주자라는 아쉬움은 있었지만, 그만큼 효과적인 특장점만을 도입하면 시행착오는 줄일 수 있을 것이다. 벤치마킹을 넘어 우리만의 새롭고 혁신적인 운용방식을 만들어낼 수 있다는 확신이 들었다.

2_ 농민의 삶과 고충이 존재하는 현장에서 이뤄지는 직원회의

용진농협의 직원회의는 조금 특별하다. 서로 의견과 아이디어를 공유하는 것은 여느 회의와 같지만, 통상적인 방법처럼 사무실에 앉아서 서류와 화면을 보면서 하지 않는다. '현장에 가야 해결책이 있다.'는 슬로건 하에 실제 현장에서 회의를 진행한다. 농산물공판장, 유통센터, 대형마트 등 농산물 유통실태에 대해서 직접 눈으로 보고 체험하기 위해 매주 장소를 바꿔 모인다. 농민을 위해 일해야 하는 농협이기에 누구보다도 농민의 삶과 농산물이 다뤄지는 현장을 잘 알아야 한다는 신념을 갖고 움직이는 것이다.

용진농협 출하농가에서 나온 농산물로 채워진 로컬푸드 상품을 자랑하고 있다.

친환경 농업 활성화를 위한 우수사례 경진대회 금상을 수상한 용진농협

새로운 마트나 유통센터가 오픈하면 직접 가서 식품 신선도, 진열 상태, 유통 흐름 등을 보고 파악한다. 재래시장부터 공판장, 대형마트까지 다양한 매장의 시장조사를 해야 농민들을 지도할 수 있다. 또 식품을 직접 구입해 와서 농민들에게 보여주고 본인들의 출하 물품과 비교하여 포장 방식과 가격 등을 결정할 수 있도록 도와준다.

이 특별한 회의는 모두에게 공평한 방식으로 진행된다. 일주일에 한 번씩 아이디어를 내는 것이 원칙인데, 누구든 어떤 의견이든 최대한 반영한다. 직원회의라고 하면 보통 수직적으로 이루어지는데 용진농협의 회의는 누구든 말할 수 있고, 모두가 들어주는 수평적 회의로 진행된다. 이제는 용진농협 직원들은 습관처럼 생산 농가를 위해 고민하고 사업도 적극적으로 추진한다.

현장에서 발로 뛰는 회의 방식은 로컬푸드 직매장이 성공할 수 있었던 기반이 되지 않았나 생각한다.

사진으로 보는 용진농협 로컬푸드 직매장

일본 농업 선진사례 견학하고
우리에게 맞는 시스템 구축하다

2010년 12월 19~22일, 나흘간 임정엽 완주군수님과 정완철 용진농협 조합장님 이하 완주군청과 용진농협 직원들로 이뤄진 합동연수단은 일본의 로컬푸드 직매장 견학을 다녀왔다. 일본의 성공적인 로컬푸드 시스템을 벤치마킹하여 완주군과 용진농협의 로컬푸드 직매장 운영에 접목할 방법을 모색하기 위해서였다. 일본의 로컬푸드 직매장은 지자체와 지역 생산 농가 간의 협업과 상생 시스템이 성공적으로 자리 잡고 있었다.

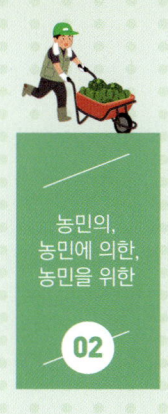

농민의,
농민에 의한,
농민을 위한

02

농협과 농민들의
마음을 움직인 '역지사지'

처음 농산물 직거래 매장을 운영해보자고 말했을 때 모두가 찬성하고 응원해준 것은 아니었다. 특히 농협 내부에서는 반대하는 목소리가 더 컸다.

"직접 생산한 농산물을 매일 조금씩 가져다 팔아서 단가를 어떻게 맞출 거야? 가격 경쟁력에서 이미 지고 들어가는 게임이야."
"사람들은 계속 가던 대로 가게 돼 있어. 시설 좋고 포장 깔끔한 대형마트는 절대 못 이겨!"

왜 아니겠는가? 반대하는 이야기들도 모두 일리 있는 의견들이었다. 무엇보다 그동안 정부 차원에서 직거래 사업을 추진했지만, 별다른 효과를 보지 못한 것도 반대의 큰 이유였다. 많은 인력과 예산, 시간을 투입하고도 성과를 거두지 못하면 그 책임은 고스란히 용진농협이 져야 할 테니 말이다. 사실 로컬푸드 사업을 일생의 프로젝트로 생각해온 우리조차 가끔 '괜한 일을 벌이는 거 아닌가!' 하고 덜컥 겁이 나기도 했다.

하지만 용진농협의 정완철 조합장님을 비롯해 직원들과 임정엽 완주군수님, 완주군청 직원들 등 응원이 있었기에 꿋꿋이 걸어갈 수 있었다. 그들은 농산물 직거래사업이 영세 농민들을 돕고 지역 활성화에 기여할 것이라고 믿어주었다. 일본의 직매장 성공사례 견학도 완주군의 든든한 지원 덕분이었다. 이 기회를 통해 전 임정엽 완주군수님께 진심으로 감사 인사를 올린다.

조합원 일대일 만나 설득했지만 초기 참여율 저조

일본 연수를 다녀온 뒤 용진농협에서 로컬푸드 사업 발표를 마치고 곧바로 농가를 참여시킬 홍보에 들어갔다. 생산 농가들의 참여율이 사업의 성패를 좌우하는 중요한 사안이었으므로 조합원들을 일대일로 찾아가 사업을 설명하고 설득하는데 가장 많은 시간과 에너지를 투자했다.

사업의 취지가 지역의 영세농가의 안정적인 유통과 수익 보장이고, 소비자들에게는 지역에서 나는 건강하고 신선한 먹거리 제공이라는 점을 들었다. 수확 규모는 작아도 품질이 우수한 농산물을 매일 신선하게 제공하는 것이 관건이자 대형마트와 차별화 전략인 것도 강조했다.

물론 처음에는 쉽지 않았다.

"공판장까지 물건 들고 가서 운송료 내실 일도 없고 여기저기 수수료 떼이실 필요도 없습니다. 매일 소량이라도 꾸준히 판매하실 수 있고요."

"근데 이중진 과장님, 지금 말씀이 포장부터 옮기고 진열까지 내가 해야 하는데 농사짓기도 바쁜데 매일 어떻게 합니까?"

"매일 남은 물건도 내가 처리하고 안전검사와 품질검사도 받아야 하는 거 아닙니까? 소비자들이 문제를 제기하면 책임도 다 내가 져야 하고, 아이고 생각만 해도 머리가 지끈거려서 난 못해요!"

논과 밭, 집 등 조합원이 있는 곳이라면 어디든 찾아가 로컬푸드 사업의 유익과 효과에 대해 설명했지만 대부분 난색을 표했다. 20여 년간 농협에서 서로 도움도 주고 친분을 쌓아온 사이여서 믿고 따라와 줄 것이라고 믿었던 것도 사실이다.

용진농협 직원들 역시 완주에서 태어나 지금껏 살아왔고, 농가들의 애로사항을 해결하고 판로 확보를 위해 노력했기 때문에 금방 설득될 것으로 생각했다. 조합원들의 평균나이가 만65세 이상 어르신들이 많다 보니, 열심히 뛰는 직원들을 보며 아들 같다 조카 같다 하시며 기특해했기 때문이다. 게다가 직원들의 친인척 중에도 농사를 짓고 있는 분들이 꽤 있어서 농가들의 참여에는 큰 어려움이 없을 줄 알았다.

그만큼 큰 포부를 갖고 있었기 때문에 처음 설득에 나설 땐 내심 기대가 컸다. 그동안 지역에서 쌓아온 신뢰로 가능할 것이란 생각이었으니 말이다. 하지만 생각이 짧았다는 것은 며칠 지나지 않아 알 수 있었다. 모두가 손사래를 쳤다. 좌절, 절망, 섭섭함 등으로 힘든 시간을 보내야 했다.

'당일 출하, 당일 판매', '생산자 정보 공개'… 원칙에는 양보 없어

하지만 역지사지로 생각해보니 농민들의 마음이 충분히 이해되었다. 포장이나 운송 등을 경험해보지 않은 데다 전문 인력도 없이 모든 과정을 본인들이 직접 책임지고 검수해야 하는 일은 엄청난 부담이었을 것이다. 그리고 농협에서 확실한 매출을 보장해주는 것도 아니니 걱정이 앞서는 건 당연한 일이다. 누군가 찾아와서 월급이 보장되는 회사를 그만두고 새로운 사업에 뛰어들라고 말한다면 같은 반응을 보였을 것이다.

"빨리 개장하려면 상품 구색을 갖춰놔야 하니 생산자 교육은 뒤로 미루고 포장이나 품질 등의 기준도 낮춰 잡는 것이 어떨까?"

"농사짓는 것도 버거운 어르신들이 물건을 보기 좋게 꾸미고 납품하는 일은 어려우니, 일단 물건부터 받고 직매장을 오픈하자."

"안전검사와 품질검사 등은 사업이 어느 정도 궤도에 오른 후에 생산자들의 자격요건을 강화하는 것이 좋을 거 같다."

여러 고민과 함께 주변 사람들로부터 이런저런 조언이 오갔다. 하지만 처음부터 타협하면 오래 갈 수 없다. 로컬푸드 매장의 장점과 원칙을 생산자들에게 각인시키고 따르게 해야 양질의 농산물을 확보할 수 있다. 또 다른 매장보다 훨씬 신선하고 맛도 좋은 농산물만 취급한다는 소문으로 인정받아야 장기적인 발전을 도모할 수 있다.

'신선하고 건강한 먹거리', '양질의 제품', '합리적인 가격'으로 당당하게 승부를 겨뤄서 인정받고 싶었다. 따라서 '당일 출하, 당일 판매', '농산물 이력과 생산자 정보 공개' 등의 대원칙은 절대 양보할 수 없었다.

1_ 소신과 원칙의 커리큘럼으로 농가를 설득하다

2011년 6월, 천막 임시매장을 오픈하기 전 생산자 50여 명을 경주친환경농업교육원에 모시고 1박 2일 동안 친환경농업 무농약 도입과정 교육을 진행했다. 그 이후로도 2차 친환경과 인증절차교육, 3차 일본 미찌노에끼 직매장 연수, 4차 순천 파머스마켓 견학 등 2012년 4월 직매장 완공과 본격적인 입점 전까지 6차에 이르는 교육을 실시했다. 농민들 스스로가 상품 품질에 대한 자신감과 책임을 지는 것이 우선이었기 때문이다.

로컬푸드 사업을 위한 6차 농가 교육과정과 일정

1차 2011. 6.　친환경농업 무농약 도입과정 교육 실시
　　　　　　　(농협중앙회 경주친환경농업교육원, 50여명 1박2일 일정)
2차 2011. 8.　농협 회의실에서 친환경교육/GAP 인증절차교육, 60여명 참석
3차 2011. 8.　일본 규슈 후쿠오카 미찌노에끼 (지역 휴게소형 직매장) 연수 실시,
　　　　　　　2박 3일 일정, 60여명 참석
4차 2011. 11.　로컬푸드 활성화를 위한 선진지 견학,
　　　　　　　농협구례연수원장 특강, 순천 파머스마켓 견학 120여명 참석
5차 2011. 12　용진농협 2층 회의실, 울진 생명농업공동체 김상업 회장을 초빙하여
　　　　　　　친환경농업에 대한 심도 있는 교육 실시. 100여명 참석
6차 2012. 3.　용진농협 2층 회의실, 로컬푸드 참여농가에 대한 출하방법교육 100여명 참석

　　그러나 기존의 유통구조가 몸에 밴 생산자들에게 새로운 방식을 정착시키는 일은 쉽지 않았다. 간혹 약간의 중량을 속이거나 포장할 때 실수로 이물질이 들어가기도 하고, 지나친 농약 사용량 등 철저한 관리가 필요했다. 농민들이 어렵게 참여했기 때문에 눈치를 볼 수도 있었지만, 교육을 통해 상품 출하와 판매 기준을 엄격하고 단호하게 지키도록 했다. 그래서 사업 초기에는 생산자들로부터 불만이 터져 나오기도 했다.

　　"아니 판로 확보와 소득을 안정시켜준다 해서 들어왔더니만 사람을 왜 이렇게 들들 볶아대는 거야!"
　　"지금 우릴 못 믿어서 이렇게 일거수일투족을 감시하는 거야? 농협이 농민 편 안 들고 소비자 눈치만 보려고 해?"

그러나 시간이 지나고 교육과정이 진행될수록 농민들도 우리의 뜻을 이해하기 시작했다. 장기적으로 안정적인 수익을 확보하려면 상품 경쟁력이 있어야 한다는 이해가 생기고, 믿을 수 있는 상품 이미지를 조성해 소비자들에게 신뢰를 얻어야 한다고 자각한 것이다. 그들은 농업경영인으로 다시 거듭나는 중이었다.

평생 정직하게 농사를 지어온 분들이니 그 실력과 성실함은 감히 평가할 수 없었다. 여기에 약간의 관리와 전략이 더해진다면 이론과 현장경험을 겸비한 완벽한 전문가가 될 것이다. 직매장 완공일이 다가올수록 성공에 대한 자신감이 커졌다.

2012년 3월 용진농협 2층 회의실, 직매장 완공 전 마지막 교육시간. 그동안 배운 내용들을 점검하며 운영자인 용진농협과 생산자들 간의 호흡을 맞춰보는 자리였다. 생산자들은 포장과 진열, 안전검사의 전 과정을 완전히 외우다시피 하고 있었다. 그리고 신선도와 중량 기준을 정확하게 지킬 것, 농약 사용을 최소화

교육을 통해 상품 출하와 판매 기준을 엄격하고 단호하게 지키도록 했다.

할 것, 특히 제초제는 절대 사용하지 말자며 서로 당부하고 있었다.

그러다 보니 처음 시작할 때처럼 불확실성에서 오는 불만이나 긴장은 전혀 찾아볼 수 없었다. 오히려 수학여행 전날 10대 청소년들처럼 들뜨고 행복한 모습을 보여주고 있었다. 농민들 스스로 의욕과 열정을 갖게 됐으니 용진농협은 판만 깔아주면 되는 일이었다. 하루빨리 건물이 완공되어 오랜 시간에 걸쳐 준비해온 우리의 실력을 보여주고 싶었다.

2_ 천막 로컬푸드 임시 직매장으로 시작된 용진농협의 도전

"상추랑 깻잎이 싱싱합니다. 오늘 저녁은 쌈밥 어떠세요?"
"어머니 수박 한번 두드려 보세요! 엄청 실하고 달아요. 이제 끝물이에요 얼른 잡숴보셔요!"

2011년 8월 중순. 뜨거운 태양이 작열하는 한여름 용진농협 본관 앞 주차장에 '천막 로컬푸드 임시 직매장'이 들어섰다. 예산과 인력이 넉넉하게 배정되지 않아서 노상에 천막을 치고 임시매장을 운영하면서 시행착오를 최소화하고 경험을 쌓기 위해 간소하게 시작된 것이다. 그래도 처음에 거절했던 농가들을 갖은 노력으로 설득해서 어느 정도 구색을 갖출 수 있었다. 농민들은 서툴지만, 상품을 포장, 진열하고 생산자 정보를 입력하는 등 고생을 감내해주었다.

용진농협 직원들도 양복 정장 대신 작업복 차림으로 나와 소매를 걷어붙이고 판매에 열을 올렸다. 그들은 아침 7시부터 나와 매대를 정비하고 농민들을 도와 상품 진열을 하고, 지나가는 사람들의 발길을 잡기 위해 목청껏 소리를 높였다.

천막 로컬푸드 임시 직매장 당시의 모습

용진농협이 전주시로 가는 길목에 있어 차들이 지나는 왕복 4차선 도로를 향해서 야채를 높이 들어 보이며 열심히 홍보하기도 했다.

8월 중순, 말복이 지났지만, 푹푹 찌는 무더위가 기승을 부렸다. 오후가 되면 눈앞이 핑핑 돌고 머리가 띵해져 왔다. 어느 때는 탈진 직전까지 갔지만 우리는 지친 모습을 보일 수가 없었다. 우리를 믿고 상품을 출하해준 농민들에게 실망을 안겨줄 수 없었기 때문이었다. 오히려 대형마트보다 더 많은 수익을 올려 직매장의 장점을 느끼게 하고 신뢰를 얻어야 했다.

그러나 입추를 목전에 두고 있는 때에도 더위는 좀처럼 물러날 기미를 보이지 않았다. 임시 판매장은 절절 끓는 폭염에 냉장시설 하나 없이 야외에서 천막 하나에 의지해야 했다. 비옥한 땅에 뿌리박고 있는 농산물들도 잎이 녹아버리는 상황에서 아무리 오늘 아침에 수확했다 한들 그 열기를 버텨낼 수는 없었다. 누르스름하게 변한 상추 밑단에서는 진물이 묻어나왔고, 열무는 시들해져 오전 내내 뽐내던 연둣빛은 거무스름한 녹색으로 바뀌었다.

폐장 시간, 마무리를 위해 남아있던 직원들과 재고 수거를 위해 나온 농가들은 허탈함을 감출 수 없었다. 판매대에는 아침이슬을 맞고 나왔던 농산물들이 고스란히 재고로 남아있었다. 아직도 그때의 서먹한 공기를 잊지 못한다. 서로에 대한 미묘한 실망감과 미안함… 직매장 개장을 위한 최종 시험대에서 가장 큰 위기를 맞닥뜨리게 되었다.

그날 밤, 우리는 잠을 이룰 수 없었다. 로컬푸드 직매장에 대한 굳건한 신념이 크게 흔들리는 것 같았다. 많은 반대와 걱정을 무릅쓰고 추진한 일이었기 때문에 그 우려를 종식하려면 확실한 성과가 꼭 필요했다.

다음 날 아침이 밝았지만, 텅텅 비어있을 판매대와 의심 가득한 시선들이 기다리고 있을 게 뻔했다. 마음이 복잡했다. 농협 생활 20여 년 만에 처음으로 출근이 망설여졌다. 하지만 우리의 예상은 크게 빗나갔다. 여전히 임시매장을 가득 채운 농산물들과 분주히 움직이는 직원들, 그리고 농가들. 나는 어안이 벙벙했다.

"하루 이틀 팔고 말라믄 그 귀찮은 교육, 시작도 안했지~"
"농사라는 게 최소 일 년은 보고 가야 하는 것인디 며칠 안된다고 놓으믄 쓰나~"

먹먹해지는 가슴 사이로 묵직한 책임감이 파고들었다. 우리 농협을 믿고 자식 같은 농산물을 기꺼이 맡겨준 농민들을 위해 반드시 성공해야만 했다.

'여기는 진짜' 전주시까지 입소문 퍼져 고객 몰려와

판매량을 증폭시킬 수 있는 마중물 역할을 할 판로가 필요했다. 제자리에서 목놓아 외치는 것으로는 한계가 있었다. 신선한 농산물을 대량으로 구매할 수 있고 덤으로 판촉 효과도 얻을 수 있는 판매처의 물색이 절실했다. 그때 바로 떠오른 것이 아파트 부녀회였다.

입사 초기, 경제사업장에 발령받고 농산물을 조금이라도 많이 팔아보겠다고 전주 시내 아파트 단지를 숱하게 방문했다. 그러나 그 시절 농협에서 판매하는 농산물에 대한 인식은 할인판매나 덤을 얹어주는 거래가 많았고, 농산물을 제값으로 파는 것이 어려웠다.

그런데도 발길을 끊을 수 없었던 건 엄마들 사이에서 퍼져나가는 입소문 때문이었다. 값이 싸거나 질이 좋다는 평가를 받으면 그 단체로부터 재주문이 들어왔다. 이렇듯 누구보다 건강과 가족을 생각하는 주부층을 우리 고객으로 유치할 수 있다면 승산이 있었다.

우리는 우선 지도를 펼치고 농협을 중심으로 동그랗게 원을 그렸다. 그리고 반경 내 아파트를 상대로 로컬푸드의 취지를 담은 홍보물과 농산물을 들고 아파트를 돌기 시작했다. 개장 초기 주력상품이었던 상추와 쌈모듬을 1톤 냉장 탑차에 가득 싣고 재료가 소진될 때까지 아파트를 방문했다.

하루, 이틀… 한 달 넘게 이어진 홍보는 그해 겨울 성과를 보이기 시작했다. 겨울 김장철에 배추가 과잉 생산되어 배춧값이 폭락했다. 힘들게 농사지은 배추가 헐값에 팔릴 위기였고 계약 재배하지 않은 농민들은 발만 동동거리고 있던 차, 이들을 위해 용진농협이 나섰다. 발로 뛰고 전화를 돌리면서 그들의 배추를 모두 팔아준 것이다. 이러한 경험들은 점점 쌓여갔다.

"상추가 떨어졌어요? 오늘 고기 구워 상추 쌈 싸 먹으려고 했는데 안 되겠네~"

"지난번에 사 갔는데 농약을 안쳐서 그런지 깻잎 향이 너무 좋아요. 그래서 전주에서 사러 왔어요."

소비자들의 반응이 점점 뜨거워졌다. 상황은 예상보다 빨리 호전되기 시작했다. 물건이 다 팔려서 빈손으로 돌아가는 소비자들이 입소문을 내기 시작한 것이다. '당일 출하, 당일 판매', '농산물 이력과 생산자 정보 공개', '신선하고 건강한 먹거리', '합리적인 가격' 등이 소비자들에게 통하는 순간이었다. '여기는 진짜'

'여기는 진짜'라는 소문이 퍼져 사람들이 몰려들었다.

라는 소문이 완주군을 넘어 전주시까지 퍼지고 사람들이 몰려들었다.

소비자들은 현명하고 빨랐다. 정직하고 좋은 상품을 금방 알아보고 살뿐만 아니라 지인들에게까지 홍보해줬다. 매출은 가파르게 올라갔고, 생산자들의 교육과 출하에 대한 문의가 날마다 늘어났다. 온종일 천막과 농협, 농가들을 오가느라 식사를 거를 때도 많았지만 입가에 미소와 행복한 콧노래가 절로 나왔다.

3_ 현직 임원이어도 예외 없는 철저한 시스템

로컬푸드 직매장이 완공되자 천막 매장에서 만족한 소비자들이 몰려와 매장 안은 인산인해를 이뤘다. 또 그동안 멀찍감치 바라보던 생산 농가들도 로컬푸드 직매장에 농산물을 내놓겠다는 문의가 쇄도하기 시작했다. 농협 임원들과 직원들의 친인척들에게까지 매대에 생산물을 내놓고 싶다는 연락이 왔다. 특히 농협에 지인이 있는 경우는 말만 하면 가능할 것으로 생각하고 물건을 싣고 오기도 했다. 그때마다 농민들에게 "교육받고 오세요."라는 말을 반복했다. 조합장의 형, 상무의 작은아버지, 과장의 친척, 하물며 현직 임원이어도 교육 수료 없이는 절대 로컬푸드 직매장에 들어올 수 없었다.

친인척, 학교, 직장 등의 인간관계를 중시여기는 한국사회에서 원칙을 지킨다는 것이 쉽지 않다. 특히 혈연, 지연으로 얽힌 농촌 지역은 더욱 그렇다. 로컬푸드 입점을 놓고 원칙을 고수하는 용진농협과 생산자 간의 실랑이는 종종 일어났지만, 단 한 번도 원칙을 벗어나지 않았다. 처음에 서운해하던 사람들도 곧바로 마음을 바꾸어 자발적으로 교육에 참여하기 시작했다. 교육을 받아야 로컬푸드 직매장 시스템을 알고 잘 활용할 때 효과가 두 배가 되는 것이다. 처음에 불쾌감을 비추던 사람들도 시간이 가면서 철저한 원칙이 로컬푸드 운영에 있어 얼마나 중요한 것인지 깨달았다.

1일 유통, 지역농산물만 출하, 농가가 직접 결정하는 합리적인 가격 등 이 원칙을 지키는 일은 로컬푸드 직매장을 성공시킨 가장 큰 요인이다. 당장의 매출 증가보다 모두가 상생할 수 있도록 철저하게 시스템에 집착하는 진정성이 농민들의 마음을 움직인 것이다.

철저한 시스템 덕분인지 교육받는 농민들도 점점 늘어났고, 로컬푸드 직매장도 점점 다양한 농산물들로 채워졌다. 집요한 교육과정을 만들고, 힘든 과정을 모두 수료해준 농민들에게 감사의 말씀을 전한다.

사진으로 보는 용진농협 로컬푸드 직매장

소신과 원칙의 교육 커리큘럼이
성공 지름길

2011년 6월, 친환경농업 무농약 도입과정교육을 시작으로 2차 친환경과 인증절차교육, 3차 일본 미찌노에끼 직매장 연수, 4차 순천 파머스마켓 견학 등 2012년 4월 직매장 완공과 본격적인 입점 전까지 6차에 이르는 교육을 실시했다.

평생 농사를 업으로 살아온 농민들에게 로컬푸드 직매장의 새로운 유통 시스템을 정착시키는 일은 쉽지 않았다. 교육을 통해 상품 출하와 판매 기준을 엄격하게 지키도록 했다. 초기에는 불만도 많았지만, 교육과정이 진행될수록 스스로 안정적인 수익을 올리기 위해 상품 경쟁력을 키우고 소비자들에게 신뢰를 얻어야 한다는 것을 깨달았다.

농민의,
농민에 의한,
농민을 위한

03

헌신을
보람으로 느낀다

 로컬푸드 직매장을 완성하려면 세가지가 팀워크로 움직여야 한다. '농민들의 협력', '소비자의 마음', 그리고 바로 '농협의 노력'이다. 특히 용진농협 로컬푸드 직매장은 농협의 노력이 절반 이상을 차지했다고 해도 과언이 아니다. 원조는 무언가가 다르다는 말처럼 용진농협은 아주 특별한 마인드를 가진 사람들이 모여있는 곳이다.

1_ 솔선수범의 리더십 정완철 조합장

 '윗물이 맑아야 아랫물이 맑다.'라는 속담이 있다. 회사에 대입해보면 '임원들이 열심히 할 때 부하직원들도 본받아서 열심히 한다.'로 적용할 수 있다. 그런데 용진농협은 윗물이 맑아도 너무 맑다. 정완철 조합장님을 일컫는데, 그는 직원들한테 말을 하기도 전에 먼저 손을 걷어붙인다. 용진농협에 오면 조합장님 손에 빗자루가 들려있는 것을 종종 목격할 수 있다. 이를 본받아 작게는 청소부터 크게는 중요 회의까지 상하직급을 막론하고 먼저 발견하고 생각난

용진농협의 로컬푸드를 체크하는 정완철 조합장과 이중진 상무

사람이 주도한다.

　회의에서 의견이 충돌했을 때도 직급에 상관없이 민주적으로 해결한다. 중대한 결정은 직원들의 의견을 모두 듣고 수렴한 후 결정한다. 다만 농민들과 관련된 일이라면 어떤 어려움이 있어도 해결하고 관철시킨다.

　늘 로컬푸드 매장을 꼼꼼히 살피고 소비자들과 생산자들에게 반갑게 웃어주는 그, 용진농협에서 가장 바쁘고 가장 인사성 밝은 그, 바로 솔선수범의 리더 정완철 조합장님이다.

　힘든 로컬푸드 직매장 사업을 계속할 수 있었던 중요한 원동력, 바로 유대감과 협동심이다. 본인들의 노력으로 농민들과 소비자를 모두 행복하게 만들어줄 수 있다는 생각으로 서로 다독이며 나아갔다. 걱정도 앞서고, 힘든 일도 있었지만, 긍정적인 마인드로 할 수 있다는 희망을 놓지 않았다. 용진농협 로컬푸드 직매장은 옳은 방향으로 모두가 나아간 결과다.

2_농가 위한 소명의식과 헌신이 일군 성공

로컬푸드 직매장이 자리 잡기까지는 발로 뛰어준 농협 직원들이 있었기에 가

용진농협 직원들이 화이팅을 외치고 있다.

능했다. 2011년 8월부터 2012년 4월까지 8개월간 사계절을 노상에서 지낸 천막 직매장의 추억은 회식 때 안줏거리 역할을 톡톡히 한다. 뙤약볕 아래서 폭염으로 지치고, 한겨울 엄동설한 속에 동상으로 손발이 퉁퉁 부었는데도 홍보와 판매를 도운 농협 직원들은 누가 뭐래도 로컬푸드 직매장의 1등 공신이다.

농민들도 도와줘야 하고 교육도 안내하고 시장조사부터 소비자들 설문조사까지 직원들 모두 눈코 뜰 새 없이 바빴던 나날이었다. 새벽 6시부터 밤까지, 야근도 주말 근무도 휴가 반납도 불사하는 협동조합 정신이 불타올랐던 시기다. 시간 외 수당도 없었고, 탈진해서 구급차에 실려 가는 직원도 있었다. 그런데도 농업인들을 위한 사업을 하는 곳이 농협이기 때문에 그 피와 땀을 보람으로 느껴가며 헌신을 다했다.

특히 초기에 저조했던 참여 농가 모집은 이들에게 가장 힘든 일이었다고 소회를 밝힌다. 직접 출하부터 진열까지 하는 일을 꺼리는 농민들이 많아서 농협 직원들은 농민들을 설득하느라 바빴다. 또 기존에 없던 시스템을 구축하다 보니 모든 것을 처음부터 다 알아보는 과정에 지치기도 했다.

농가를 잘 살게 하겠다는 소명의식이 없었다면 견뎌내지 못했을 일이다. 농협

> 임시 직매장을 시작했을 때부터 하루에도 몇 번씩 자전거로 농산물을 직접 가져와 포장하고 무게를 재고 가격을 결정해서 진열하시는 70대 할아버지가 계신다. 그분을 볼 때마다 '이게 바로 로컬푸드구나.' 라는 것을 느낀다.

> 연세가 90세가 넘으신 할머니 두 분께서 직접 포장하고 출하를 끝내신 뒤 담소를 나누시는 모습을 지켜본 적이 있다. 가슴이 찡해지는 순간이었고, 더 열심히 일해야겠다는 생각이 들었다.

은 경제부서와 신용부서로 나뉘어 일하는데, 용진농협에서는 로컬푸드 매장을 위해 그 구분 없이 협동해서 사업을 완수하고 있다.

농촌이 있어서 존재하는 곳, 농협. 용진농협 직원들은 "젊은이들이 도시로 빠져나가 고령화되고 있는 농촌에 로컬푸드 직매장으로 인해 귀농, 귀촌 인구가 늘고 있어 다행"이라고 말한다. 영세농 및 고령농의 고정적인 판로를 확보해주는 직매장으로 인해 농촌의 밝은 미래를 보여주는 것 같아서 뿌듯함도 느낀다고 한다. 물론 아직도 여러 어려움은 존재하지만, 용진농협 로컬푸드 고유의 신념과 정체성을 잘 지키며 농민을 위해 일하는 것이 지속 가능한 농촌 발전을 위한 길이라고 말한다.

농협이 본래의 역할에 한 발 더 다가갈 수 있도록 만들어준 로컬푸드 직매장. 새롭게 다변화하는 유통환경 속에서 로컬푸드의 가치를 더욱 확산시킬 수 있도록, 농촌이 더 이상 소외되지 않도록 용진농협 모두는 계속 걸어가고 있다.

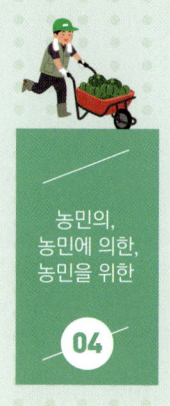

농민의,
농민에 의한,
농민을 위한
04

함께하는 로컬푸드 1번지를 일구다

1_ 지역의 손으로 일군 로컬푸드 1번지

'생산자 배움', '운영진 철학', '소비자 마음' 삼박자의 조합이 만든 성공

혹자는 이렇게 물어본다.

"로컬푸드 직매장이 돈이 되나요?"

정답부터 말하자면 로컬푸드 직매장의 가치는 환산할 수 없다. 농민의 삶, 농협의 취지, 정체성이 담긴 사업이기 때문이다. 단순히 채소가 신선하고 값이 저렴한 것에서 끝나는 것이 아니라 농협이 지켜야 할 영세 소농들을 위한 사업이다.

용진농협 로컬푸드 직매장이 만들어진 이유다. 완주군의 영세농가들을 위해 직원들과 농민들이 합심해서 만들었고, 소비자들이 진심을 담아주었기 때문에 완성된 것이다. 생산자들의 배움, 운영진의 철학과 열정, 소비자의 마음, 이 삼박자의 조화로 용진농협 로컬푸드 직매장이 성공했다.

용진농협 건너편에 로컬푸드1번지 조형물이 서있다.

특히 용진농협 로컬푸드 직매장은 지역민의 공감대를 담기 위해 노력했다. 간판도 지역색을 최대한 담을 수 있도록 담양 편백에 완주군 소양마을의 한지를 사용했다. 간판을 장식한 글씨는 여러 날을 고민하다 욱정 소병석 선생님께 서예 재능 기부를 받았다. 소병석 선생님은 용진면 출신으로 한국예술문화제전 대상, 한중&한일 서예교류전 초대작가, 현재 한성서예연구원 원장을 역임하고 있는 유명 서예가다. 이중진 상무의 친구 소완섭 군의원을 통해 작은아버지인 소병석 선생께 용진농협 로컬푸드 매장을 지역 명소로 만들고 싶다고 부탁하니 흔쾌히 재능 기부를 해주셨다.

정완철 조합장님과 이중진 상무의 가까운 지인인 파프리카 농장 한웅진 대표님도 로컬푸드 직매장이 사시사철 푸르게 성장했으면 한다면서 소나무를 흔쾌히 증정해주셨다. 또 권용원 대표님도 소나무 10여 주를 기증해주셨다. 기부뿐 아니라 많은 지역 주민들이 자발적으로 참여도 이어졌다. 2012년 4월 27일 로컬푸드 직매장 오픈 행사 때 주민들이 음식과 다과를 준비하고 참여해주어 마치 지역 축제가 되었다.

소프트웨어는 물론 하드웨어도 용진농협 로컬푸드 매장만의 특징을 살리는데 초점을 맞추었다. 겉만 봐도 '아 여기가 '완주군 용진농협이구나!'를 알 수 있도록 심혈을 기울였다.

욱정 소병석 선생님에게 재능 기부받은 현판

한웅진 대표와 권용원 대표에게 기증받은 소나무

2_ 로컬푸드와 함께 성장한 용진농협

로컬푸드 직매장을 통해 지역 경제 활성화에 이바지하다

　2012년 4월, 용진농협 로컬푸드 직매장이 완공되어 정식으로 문을 열었다. 오픈하자마자 신선한 농산물을 찾는 손님들로 성황을 이뤘고 매출은 빠르게 수직 상승했다. 2012년 매출은 59억 원, 2013년은 두 배로 껑충 뛰어 100억 원이 넘었고, 현재까지 연 매출이 100억 원 이하로 떨어진 적이 없다. 2020년 코로나 사태가 터졌을 때 모두가 매출이 감소할 것이라고 했지만 오히려 20% 정도 증가했다.

　2020년 말, 매출 상승 원인을 분석해 보니 소비자들은 코로나19로 인해 외출과 외식을 자제하고 신선하고 생산 이력이 확실한 먹거리를 찾는다는 것을 알 수 있었다. 건강한 식재료를 먹으면 면역력이 높아질 것이라는 기대도 한몫했다.

　로컬푸드 직매장을 찾는 방문객 수를 보면, 2012년 약 72만6천 명을 시작으로 2013년부터 100만 명이 넘고 2016년 이후 130만 명을 웃돌고 있다. 면적 110평 남짓한 시골 매장에 이렇게 많은 사람과 돈이 몰릴 것이라고는 생각하지 못했다.

　용진농협 1층 로컬푸드 직매장의 매출과 함께 2층 농협 하나로마트의 매출도 비약적으로 증가했다. 로컬푸드 매장에서 신선한 먹거리를 구입하고, 2층 하나로마트에서 생필품이나 공산품을 사 가는 것이다. 따라서 용진농협의 전체 매출이 크게 상승하게 되었다. 이렇게 벌어들인 돈은 지역 내에 쓰이고 지역 경제 활성화와 선순환 구조가 자리 잡게 되었다.

　로컬푸드 직매장 전후로 비교하면 농협 자산은 세 배, 직원 수는 두 배로 성장했다. 농협의 규모도 11~12그룹에서 7~8그룹의 위치로 올라갔다. 로컬푸드 직매장이 아니었으면 용진농협은 이렇게까지 성장하지 못했을 것이다. 로컬푸드 매장 하나만 성장한 것이 아니라, 용진농협까지 성장하는 엄청난 시너지 효과를 발휘하게 된 것이다.

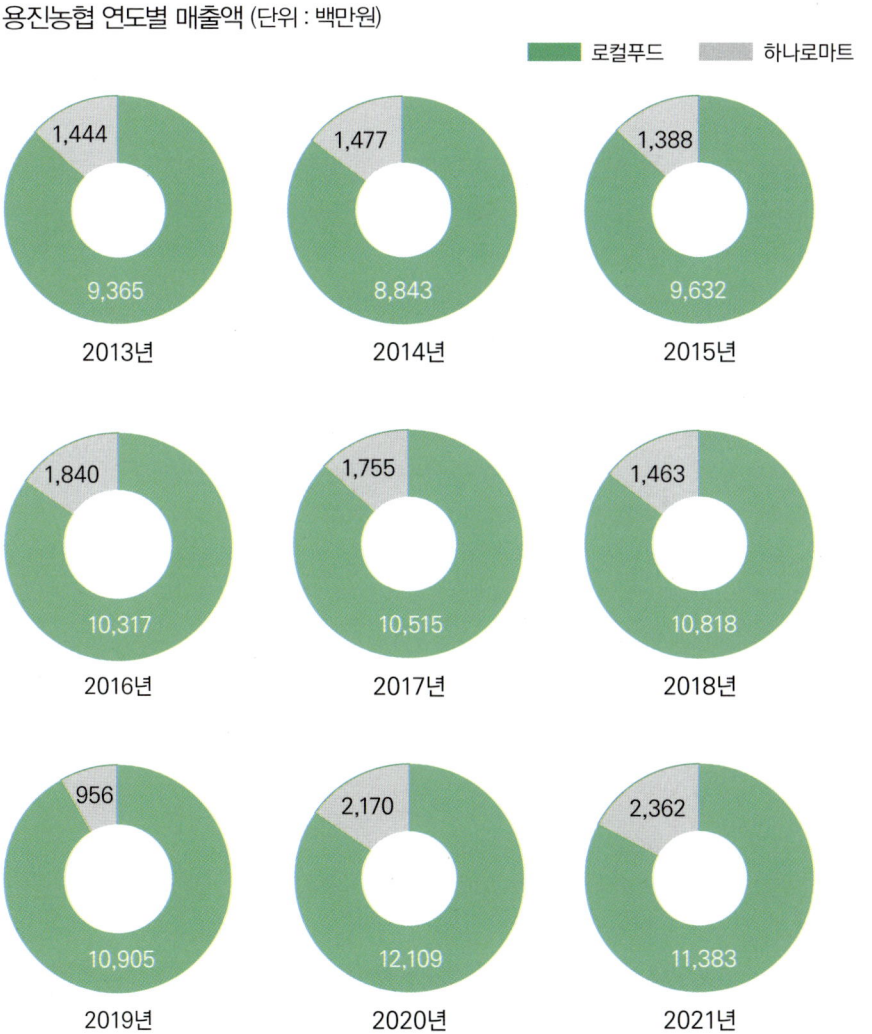

용진농협 연도별 매출액 (단위 : 백만원)

용진농협 인증 및 수상 내역

2010.10	로컬푸드 사업계획 수립
2011.08.03	로컬푸드 임시매장 운영
2012.02.03	농산물유통시설(소포장시설 등) 완공
2012.04.27	로컬푸드직매장 개장 (초대점장 : 정병근)
2013.01.31	2012년 종합업적 우수패/상호금융 최우수상/골드클린뱅크 인증서 수여
2013.03.13	농축산물의 유통단계와 유통구조개선 모범사례 대통령보고(정지기 전무)
2013.05.03	판매농협 구현 선도조합장상(신사업부문-로컬푸드사업)
2013.10.31	농산물직거래 콘테스트 직거래매장부문 최우수 사업자 금상 수상
2013.11.22	로컬푸드 직매장(396.09㎡) 증축 및 로컬카페 개장(249.2㎡) (점장 : 이춘자)
2014.01.31	2013년 카드대상탑 / 상호금융 우수탑 / 하나로마트 100억달성탑
2014.03.31	종합경영평가 우수상
2014.08.22	대한민국 충효대상 로컬푸드 신지식인대상 수상
2014.08.22	6차산업 예비사업자 선정
2015.09.11	농촌융복합산업 사업자 인증
2015.09.22	용진농협 로컬푸드 2호점 개장 (점장 : 정용규)
2015.11.11	국무총리 표창장(농업·농촌활성화)
2015.12.02	2015 완주기네스 (전국최대매출, 최초농촌형로컬푸드 직매장)
2016.03.03	농림축산식품부 장관 주재 '유통구조 개선 및 수급안정 업무계획 보고회' 개최
2017.03	2016년 상호금융대상 장려상 / CS3.0 우수사무소 선정
2017.06.07	2017 글로벌 신한국인 대상(농축산발전기여 부문)
2017.09.20	용진농협 로컬푸드 효자점 개장, 친환경 전문매장 개설(본점, 효자점)
2017.10.25	자랑스러운 전북인 대상(농림수산 대상)
2017.12.14	건전여신추진 우수상 수상
2017.12.21	우수농산물 직거래사업장 인증(농림축산식품부)
2018.12.04	친환경농업우수사례 경진대회 금상
2018.12.31	건전여신 추진 공적상
2019.01	상호금융대상 우수상(그룹별 1위)
2019.03	농촌융복합산업 지구단위조성사업 선정
2020.12.15	2020 완주기네스 재발견(전국 최초 농촌형 로컬푸드직매장)
2021.12	제4회 친환경농업 육성 우수농협 경진대회 대상(농림축산식품부 장관상)
2021.12	로컬푸드 안전성 우수사무소 선정(농림축산식품부 장관상)
2022.04	농촌융복합거점공간 준공
2022.06.23	로컬푸드10주년 기념행사&농촌융복합거점공간 준공식

사진으로 보는 용진농협 로컬푸드 직매장

비약적인 성과 통해
다양한 인증 등록과 수상 이끌어내다

2012년 매출은 59억 원, 2013년은 두 배로 껑충 뛰어 100억 원이 넘었고, 현재까지 연 매출이 100억 원 이하로 떨어진 적이 없다. 2020년 코로나 사태 때는 오히려 20% 정도 증가했다. 로컬푸드 직매장을 찾는 방문객 수를 보면, 2012년 약 72만6천 명을 시작으로 2013년부터 100만 명이 넘고 2016년 이후 130만 명을 웃돌고 있다.

용진농협의 전체 매출이 크게 상승하게 되었다. 이렇게 벌어들인 돈은 지역 내에 쓰이고 지역 경제 활성화와 선순환 구조가 자리 잡게 되었다. 로컬푸드 직매장 전후로 비교하면 농협 자산은 세 배, 직원 수는 두 배로 성장했다. 농협의 규모도 11~12그룹에서 7~8그룹의 위치로 올라갔다.

3_ 고품질 농산물 판매 위해 매일 품질관리

생산자 교육을 지속하면서 소비자에게 떳떳한 농산물을 제공하는 것이 로컬푸드 사업의 가장 중요한 점이었다. 모든 생산자가 열심히 교육받고 출하해주겠지만, 자칫 한두 명의 생산자의 양심 없는 행동이 로컬푸드의 전체적인 모습으로 비칠까 걱정되었다.

이를 극복하기 위하여 용진농협에서는 출하 농가와 전문가, 농협 직원으로 구성된 '품질관리위원회'를 만들었다. 용진농협 로컬푸드의 '품질관리위원회'에서는 합리적인 가격과 상품 규격화, 품질의 고급화 등 생산자와 소비자 사이의 조정자 역할을 담당하며, 농산물의 가격과 품질을 모니터하며 지속해서 관리하는 업무를 진행했다.

용진농협 로컬푸드 '품질관리위원회'

출하농가 대표 김** : 30년 이상 청과도매시장에서 사업장 운영 중도매인
가공분야 대표 이** : 농업 가공 분야에서 30년 이상의 경력 보유
공동체분야 대표 이** : 마을 사업 20년간 운영 경력 보유. 전북정보화마을 위원장
학계분야 대표 강** : 대학교에서 유통 및 마케팅 분야 전문교수
쌀·잡곡류분야 대표 정** : 쌀·잡곡생산 30년 이상의 경력 보유. 농협3선·수석이사
농협유통분야 전문 장** : 농협 경제·유통사업 총괄 30년 이상 경력
행정 전문 김** : 완주로컬푸드 먹거리 정책과 과장

등 외부인원 10인 이내와 내부직원 조합장 포함 7인으로 구성

용진농협 로컬푸드 품질관리위원회는 매일 농산물 가격과 품질을 모니터링한다.

　현재 정완철 용진농협 조합장과 외부 관리위원 중 1인을 공동위원장으로 운영하는 품질관리위원회는 매일 로컬푸드 농산물 모니터링을 통해 생산자와 소비자 모두를 만족시키는 로컬푸드가 되도록 노력하고 있다. 이들의 활동이 있었기에 용진농협 로컬푸드 직매장이 더욱 발전할 수 있었다. 이 지면을 통해 로컬푸드 1번지로서의 자부심과 사명감으로 임해주신 이일구 품질관리위원회 위원장님과 이하 위원님들께 감사와 경의를 표한다. 앞으로도 지속적인 봉사와 희생을 해주는 품질관리위원회가 되리라 믿는 바이다.

로컬푸드의 긍정적인 선순환 이끄는 특별한 산악회

　용진농협 로컬푸드 산하에는 조금 색다른 '산악회'가 있다. 마음 맞는 마을 주민들끼리 산악회에 가는 것은 일상적인 일인데 왜 이 산악회가 특별한 것일까?

2013년 5월경, 로컬푸드 사업의 현황 파악과 발전을 위한 모임이 열렸다. 로컬푸드 출하 생산자와 소비자 그리고 용진농협 관계자들이 만나 상호 토론을 통해 로컬푸드 사업에 관련된 의견을 나누는 자리였다. 이런 만남이 일회성이어서는 안 된다는 것을 느낀 이들은 상시적인 교류와 소통을 편안한 분위기에서 진행하고자 '산악회'를 구성했다. 생산자 10인, 소비자 10인, 농협 운영자 10인이 만난 이 특별한 모임은 로컬푸드의 발전과 지속적인 네트워크 협력을 추구하고 있다.

등산을 통해 건강도 챙기고 서로 힘들면 끌어주고 도와주는 끈끈한 관계가 형성되고, 그 속에서 로컬푸드 상품 모니터링과 소통이 자연스럽게 이뤄졌다. 산악회를 통해 들었던 의견들을 생산자는 농산물에 반영하고, 소비자는 농산물에 대한 신뢰가 더욱 쌓이며, 용진농협 운영자들은 사업에 반영하는 등 긍정적인 선순환이 이루어졌다.

이 모임을 다년간 이끌어주신 신종운·박병진 산악대장에게 이 지면을 통하여 감사를 표한다.

등산을 하면서 회의를 진행하는 용진농협

사진으로 보는 용진농협 로컬푸드 직매장

로컬푸드의 긍정적인 선순환 이끄는
특별한 산악회

용진농협 로컬푸드 산하에는 조금 색다른 '산악회'가 있다. 생산자 10인, 소비자 10인, 농협 운영자 10인으로 구성된 산악회에서는 로컬푸드의 발전과 지속적인 네트워크 협력을 추구하고 있다. 산악회를 통해 들었던 의견들을 생산자는 농산물에 반영하고, 소비자는 농산물에 대한 신뢰가 더욱 쌓이며, 용진농협 운영자들은 사업에 반영하는 등 긍정적인 선순환이 이뤄지고 있다.

4_ 우리가 벤치마킹 대상

2012년 하반기 무렵 용진농협 로컬푸드 직매장의 성공사례가 다양한 매스컴에 노출되면서 전국 각지에서 다양한 사람들이 찾아왔다. 농림축산식품부의 장관, 차관을 비롯해 수많은 지자체의 시장, 군수, 농협중앙회 회장, 멀리는 일본, 아프리카, 동남아 등 해외에서도 벤치마킹하러 왔다. 캄보디아 왕자도 와서 용진농협은 우리나라 농업과 지역경제 발전의 롤모델이라는 칭찬을 아끼지 않았다.

우리의 전략은 대단하고 혁신적인 것이 아니다. 생산자와 소비자가 서로 상생하는 먹거리를 제공하는데 있어 기본에 충실했을 뿐이다. 용진농협 로컬푸드 직매장의 기본은 이러하다.

용진농협의 다섯 가지 원칙

① 1일 유통, 당일 생산
② 상품 품질과 정량 검사, 안전 검사를 철저히 한다.
③ 매일 출하 전후로 잔류 농약 검사를 한다.
④ 출하 농가는 아침 8시 전까지 판매 준비를 완료해야 한다. 농산물 소포장과 1차 진열을 완료하고, 가격 결정과 표기도 이뤄진 상태여야 한다. 이때 상품은 표기된 용량과 일치해야 하고, 생산자의 이력과 연락처 등의 정보는 바코드를 통해 소비자에게 전달된다.
⑤ 상품이 기준에 어긋난 불량이거나 용량을 속이거나 잔류 농약 수치가 초과되면 단계적으로 조치를 취한다. 1차에는 경고와 당일 출하 금지, 2차 3개월 출하 금지, 3차 직매장 영구 퇴출로 이어진다.

엄격한 기준이지만 최근 몇 년 동안 제재받은 사례는 거의 없다. 생산자 대부분이 밥 먹듯이 완전히 습관화되었기 때문이다.

디지털 기술 도입으로 젊은층과 직장인 소비자 늘어

용진농협 로컬푸드 직매장의 매출을 견인한 또 하나의 특징은 다품종 소량 판매 체제에 있다. 최상 품질의 먹거리를 합리적인 가격에 판매하는 것에 주안점을 뒀다. 소비자 입장에서는 건강하고 신선한 먹거리를 대형마트보다 싼 가격에 살 수 있어 좋고, 생산자는 매일 수확한 물건을 중간유통 마진 없이 납품하니 수익률이 높아 만족하는 일석이조의 효과를 올리는 구조이다. 또 소비가 빠르니 여러 농가에 출하 기회를 줄 수 있다.

개장 처음부터 용진농협 로컬푸드 직매장은 첨단 디지털 기술을 도입했다. 재

직접 매대에 농산물을 진열하는 출하자들.

생산농가들은 스마트 폰 앱을 이용해 당일 판매량을 파악하고 빠지면 바로 채워놓는다.

고를 남기지 않는 당일 출하와 당일 유통을 하기 위해 스마트폰 앱을 이용해 생산자들이 당일 판매량을 파악할 수 있도록 시스템을 구축한 것이다. 생산자들은 직매장 내 20개의 CCTV와 연동된 스마트폰 앱을 통해 재고와 판매 현황을 실시간으로 파악할 수 있다. 또 1시와 9시에 판매 현황에 대해 각각 문자로 전송해준다.

예를 들어 아침에 딸기 1kg짜리 스무 상자를 갖다 놓은 농가가 오후 1시쯤 스마트폰을 확인했더니 재고가 떨어졌다면 바로 보충할 수 있다. 또 인터넷 커뮤니티 등을 통해 올라오는 소비자 반응을 수시로 파악하여 해당 농가에 전달하고 답변과 함께 바로 개선하도록 한다. 온라인 시스템은 젊은층과 직장인들이 찾아오게 하는 요인이기도 하다.

용진농협 로컬푸드 직매장에 농산물을 출하하는 농가들은 1주일 단위로 판매금을 정산받는데, 매주 월요일에 지난주 수익을 받는다. 농협이 받는 수수료는 품목에 따라 1차 농산물 10%, 가공은 12%, 축산은 13%이다. 기존의 농산물 유통구조는 운송료와 중간유통 수수료 등 떼이는 돈이 많았는데, 직거래를 통하면 수익이 높으니 농가들의 만족도도 배가 된다.

또 대부분 농가에서는 수확 시기에 공판장에 대량 납품해서 목돈을 쥐고 1년을 생활해야 하는 불안정한 경제생활을 이어갔다. 그런데 매주 수입이 생기니 가계 안정뿐 아니라 장비 구입이나 농사 운영 계획들도 안정적으로 세울 수 있게 되었다. 처음 로컬푸드 사업을 기획할 당시부터 영세 자영농들의 생활 안정을 최우선 과제로 생각했던 만큼 어느 정도 성공한 것 같아 뿌듯하다.

사진으로 보는 용진농협 로컬푸드 직매장

용진농협, 로컬푸드 직매장의 벤치마킹 성지 되다

용진농협은 대한민국 로컬푸드 1번지로서 국내뿐만 아니라 해외에서도 벤치마킹을 올 정도로 선진농업의 모본이 되고 있다. 멀리는 일본, 아프리카, 동남아 등 해외에서도 벤치마킹 하러 왔다. 캄보디아 왕자도 와서 용진농협은 우리나라 농업과 지역경제 발전의 롤모델이라는 칭찬을 아끼지 않았다

사진으로 보는 용진농협 로컬푸드 직매장

농협 임직원, 장차관, 국회의원, 정부 관료 등 다양한 연수 이뤄지다

2012년 하반기 무렵 용진농협 로컬푸드 직매장의 성공사례가 다양한 매스컴에 노출되면서 전국 각지에서 다양한 사람들이 찾아왔다. 농림축산식품부의 장관, 차관을 비롯해 수많은 지자체의 시장, 군수, 농협중앙회 회장, 농업 관계자 등 수백 수천 명이 로컬푸드 직매장을 배우기 위해 다녀갔다.

CHAPTER 3

지역을 살리는 로컬푸드, 성장하는 완주

01. 농산물 판매 우수 사례
02. 가공식품 사업화 우수 사례
03. 용진농협 로컬푸드 직매장의 자부심, 마을기업
04. 용진농협 로컬푸드와 함께하고 있는 사회적 기업

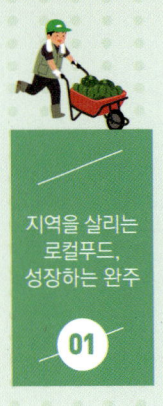

지역을 살리는 로컬푸드, 성장하는 완주
01

농산물 판매 우수사례

1_ '무한 책임 상품' 생산자, 이양순 이진순 유기농 자매 이야기

"반신반의했어요, 처음에는"

"이게 정말 될 줄은 몰랐어요. 이제는 로컬푸드 덕분에 살맛 납니다."

유기농 농부 자매는 용진 부평마을에서 유기농 방식으로 각종 채소를 재배하고 있다. 이들은 예전부터 동네의 성실한 일꾼으로 정평이 나 있다. 새벽 별을 보고 밭에 나가서 해가 질 때까지 허리 펼 새 없이 열심히 일하는 것은 물론, 화학비료와 농약을 일절 사용하지 않는 유기농 재배 방식을 고수하는 정직한 신념을 갖고 있다.

보통 유기농 농사는 훨씬 더 고되면서 그에 비해 수익성은 많이 떨어진다. 특히 여름철에는 벌레에게 갉아 먹히거나 흠집이 생긴 상품들이 많아 판매에 어려움을 겪기도 한다. 공판장과 도매상을 거치는 대형 유통망의 상품화 과정에서는 상품의 모양과 색깔, 크기 등이 일정하게 규격화되어야 하기 때문이다.

"우리 가족 밥상에 올라가는 쌈 채소다. 우리 가족 먹을 반찬 재료다. 생각해요. 안 그러면 못해요."

동생 진순 씨는 유기농 농사의 계기를 묻자 본인들이 원래 비료나 농약을 친 농산물을 가급적 안 먹으려 했기 때문에 소비자들에게도 건강한 농산물을 제공해주고 싶었다고 말했다.

이들 자매의 유기농 농산물 재배는 그 역사가 길다. 1997년 무농약 토지 관련 신고필증을 받았고, 이후 몇 년간 교육과정과 행정절차를 거쳐 2003년에 유기농 인증을 받아 모두에게 인정받는 유기농 생산자가 되었다. 그러나 노력한 만큼의 수익과 성과가 따르지 않다 보니 지치고 힘들 때가 많았다. 이때 용진농협 로컬푸드 직매장을 만난 것은 자매에게는 가뭄에 내린 단비와도 같았다.

소포장 상시출하 가능한 로컬푸드 직매장, 소득증대에 큰 도움

 물론 처음 직매장 출하 당시 수확부터 선별, 포장, 출하까지 직접 도맡아야 하는 일련의 과정들이 익숙하지 않은데다 직접 가격을 결정해야 하는 것도 부담이었다. 그러나 지금은 오히려 이런 '무한 책임 상품'의 생산자라는 사실이 자랑스럽고 뿌듯하다. 정성과 노력을 쏟은 농산물이 소비자와 만나기까지의 전 과정을 직접 책임진다는 사실이 이들 자매에게 긍지와 자부심을 선물한 것이다. 소비자와의 정서적 거리가 가까워지니 농사를 지을 때마다 이 채소를 먹을 사람은 누구일지 궁금해지고 더 신경이 쓰인다고도 한다.

 "처음엔 이게 팔릴까 궁금했는데 진짜 팔리더라고요. 도매시장에 낼 때는 흠집 안 난 것들로만 2kg, 4kg 대량으로 팔아야 해서 우리 것은 못 파는 물건도 많았어요. 유기농 재배를 하다 보니까 모양이 안 예쁜 애들도 많거든요. 그런 건 못 팔거나 팔더라도 값을 제대로 못 받죠. 지금은 소량씩 바로바로 내다 팔 수 있고, 가격도 내가 책정할 수 있으니까 너무 좋아요."

 언니는 물건을 조금씩 소포장하여 상시 출하할 수 있는 로컬푸드 직거래 매장의 시스템이 소득 증대에 큰 도움이 됐다고 말한다.

"휴대폰으로 수시 재고 파악이 되니까 정말 너무 편하고 좋아요. 아침에 무리해서 물건 많이 갖다 놓을 필요도 없고 다 팔렸다 싶으면 바로 채워 넣으면 되니까. 아주 디지털 시스템을 스마트하게 잘 만들어놨어요."

동생은 무엇보다 실시간 재고 파악 시스템이 출하와 판매 계획을 세우는 데 유용하게 쓰인다고 말한다. 조금씩 판매한 농산물 대금을 주마다 정산받을 수 있으니 그때그때 필요한 장비와 물품들을 구매할 수 있고 통장을 볼 때마다 흐뭇하다는 말도 덧붙였다.

이들 자매에게 돈보다 더 큰 행복을 주는 것은 자신들의 농산물을 구매해간 소비자들이 보내오는 만족과 감사의 메시지다. 상품에 부착된 바코드로 생산자 정보를 파악한 소비자들이 문자 메시지를 보내온다. 자매의 농산물로 차린 밥상을 사진 찍어 보내기도 하고, 건강한 채소를 먹을 수 있게 해줘서 고맙다고 '하트 ♥ 이모티콘'을 보내오기도 한다. 때로는 소비자의 반응을 매장에서 직접 접하게 될 때도 있다.

"매장에서 우연히 우리 채소가 맛있고 신선하다고 말하는 걸 들은 적이 있어요. 그렇게 기분 좋을 수가 없더라고요. 앞으로도 건강만 허락한다면 계속 로컬푸드와 함께 하면서 농사짓고 살고 싶어요. 요즘 같으면 정말 100살까지 그러고 싶어요. 살맛이 납니다."

이들 자매는 서로의 말에 고개를 끄덕이며 환한 웃음을 지어 보였다. 로컬푸드와 함께하는 이들 자매의 건강하고 행복한 삶이 오래오래 계속되길 바란다.

2_ 로컬푸드 신바람! 친환경 시금치 농가 이야기

로컬푸드 직매장이 처음 개장했을 때부터 꾸준히 납품해온 시금치 농가 부부. 이들은 이날도 새벽 5시 30분 무렵 시금치를 납품하러 왔다.

"일찍이요? 새벽 4시반에 오는 분들도 계세요. 상품 포장, 점검도 한 번 더 해야 하고 무엇보다 좋은 자리를 맡으려면 빨리 움직여야 해요. 허허"

이들은 시금치뿐만 아니라 감자, 당근, 대파 등 다양한 작물을 하우스 10동 규모로 재배하고 있다. 그중에서도 특히 친환경 유기농 농법으로 재배한 시금치가 싱싱하고 맛이 좋기로 유명하다. 부부가 하루에 납품하는 시금치 수량은 평

일 평균 120봉지. 주말에는 적으면 70봉지에서 많으면 100봉지까지 내놓는다.

이들 부부는 전주에서 직장생활을 하다가 고향 완주로 돌아와 정착한 지 30년째인 지역에서도 손꼽히는 베테랑 농사 전문가다. 충분히 더 많은 수량을 납품하고 수익도 올릴 수 있을 것이다. 그러나 부부는 고개를 저으며 대답했다.

"로컬푸드 직매장이 나 혼자 잘 먹고 잘 살자고 존재하는 곳이 아니잖아요. 비슷한 품목을 농사짓는 다른 조합원들이 많은데 나 혼자 욕심부리면 안 된단 얘기죠. 허허~ 서로 배려하며 다같이 잘 살아야 하니 취지를 따라야죠."

로컬푸드 사업에 참여한 후 이들 부부의 삶은 많이 달라졌다. 가장 큰 변화는 안전한 판로를 확보했다는 것이다.

"일주일마다 정산을 받으니까 공판장에 내다 파는 것보다 수익 면에서 훨씬 낫죠. 본인이 부지런하기만 하면 로컬푸드 직매장이 참 좋아요."

부부는 오랫동안 농사지어 자녀들을 교육하고 결혼도 시켰다. 지금 로컬푸드를 통해 생기는 수입은 부부 두 사람의 생활비로 쓰고도 남아 여행도 다니고 쇼핑도 한다. 그중에서도 가장 좋은 것은 찾아오는 손자, 손녀들에게 용돈을 넉넉히 주고 맛있는 음식들도 사줄 때라고 한다.

"저희가 이제 나이도 있어서 자식들이 생활비나 용돈도 드릴 테니까 농사 그만 지으라고 해요. 걱정된다고. 이제 규모는 좀 줄이려고 해요. 어차피 우리 내외로는 일손도 부족하니까. 그렇다고 우리가 대농들처럼 외국인 근로자들 쓰고 할 수도 없으니까, 그런 면에서도 로컬푸드가 좋아요. 어느 정도 쉬엄쉬엄 여력 되는 대로 생산한 채소들 조금씩도 내다 팔 수 있으니까요."

부부는 "오랜 시간 농사일이 몸에 배어있어 한 번에 그만두면 오히려 몸에 탈이 올 것 같다."며 기분 좋은 너털웃음을 지었다.

3_ 귀농 딸기 농가 부부 이야기

귀농 4년 차인 딸기 농가 부부는 40대 초반으로 농촌에서는 청년층에 속한다. 처음 귀농했을 때는 시행착오를 많이 겪으며 꽤 고생했다. 때로는 귀농이 옳은 선택이었는지, 아직 한 살이라도 젊을 때 다시 도시로 나가 직장을 잡아야 하

는 건 아닌지 고민도 많이 했고, 가끔은 두 사람 간의 다툼도 일어났다.

농사일 자체도 힘들었지만, 경제적 불안이 더 큰 스트레스였다. 처음에는 정직하게 농사를 지어 맛 좋고 신선한 딸기를 수확하여 내다 팔면 가족이 사는 데 문제없을 거로 생각했다. 소비자들도 우리 상품의 품질을 인정해줄 것이라고 말이다. 근본적으로는 맞는 말이지만 사실 농업은 대단히 복합적이고 다양한 요소가 작용하는 사업이다. 낭만적인 감상에 젖어 귀농을 꿈꾸는 젊은 사람들에게 언제나 말한다.

"과학인 동시에 경제학이며, 기상 관측과 경영, 홍보까지 모두 복잡하게 얽혀 있는 사업이 바로 농업"이라고.

이 부부가 가장 힘들어한 부분은 수확한 농산물의 가격을 예측할 수가 없다는 점과 큰 변동성, 그중에서도 특히 안정적인 판로를 확보하기가 너무 힘들다는 것이었다. 소규모로 과일이나 채소를 짓는 농가는 공판장과 중도매상을 지나는 대형 유통망에 맞춰 상품 구성을 짜기가 어렵다. 크기와 색깔, 당도를 일정하게 맞춰줘야 하는 딸기는 더욱 그렇다.

그렇다고 화학 농약을 쓰자니 소비자 건강에 좋지 않고 본인들 양심에도 어긋났다. 하지만 유기농 농사를 고집하자니 벌레와의 전쟁이 두렵고 딸기의 모양과 색깔도 획일적으로 예쁘게 유지할 수가 없어 상품화시키지 못하는 딸기들이 너무 많아졌다. 게다가 두 사람이 들인 시간과 수고에 비해 얻는 수익은 턱없이 적었다. 그렇게 진퇴양난의 위기 속에서 고민의 시간을 보내던 중, 이들에게 찾아온 행운이 바로 로컬푸드 직매장이었다.

> "로컬푸드 직매장에 출하하고 지난 1년간 평균을 내보니 최소 15% 정도, 많게는 20% 이상 수익이 증가했어요. 그보다 더 좋은 건 단골고객이 생겼다는 것. 우리 딸기를 기다렸다 드시는 분들이 계시다는 거예요. 진짜 너무 고맙죠. 소비자들께도 용진농협에도. 말하자면 우리가 작은 사업장을 운영하는 거나 마찬가지 아니에요? 그런데 진짜 가게 차리는 것보다 위험부담은 거의 없고!"

이전 공판장을 통해서는 대량으로 포장 상품화하기 적합한 딸기만을 모아 정해진 시기에만 납품할 수 있었다. 그러나 이제는 매일 출하가 가능하고 실시간으로 판매량을 파악해 주마다 대금을 정산받으니 생활이 안정되는 것이 몸으로 느껴졌다. 또 판로를 확보하여 기간별 수익이 예측 가능하다는 점에서 경제적 안정을 얻을 수 있다.

게다가 직매장의 다양한 농산물을 찾는 방문객들이 많아지면서 자연스레 단

골이 생겼다. 고객들과의 소통을 통해 유대 관계가 형성되고 이에 따라 느낄 수 있는 생산자로서 얻는 자부심은 부부에게 든든한 자산이 되어주었다. 특히 도시 출신으로 귀농한 입장에서는 완주 지역에 소속감과 지역 정보를 얻을 수 있는 창구 역할도 해주고 있다. 남편은 운송과 출하 과정이 간소화되고 편리해진 것에서 더욱 만족을 느낀다고 한다.

"정말 요즘 같아선 귀농하길 진짜 잘했다 싶어요. 로컬푸드 매장에 출하하면서부터 농사 수익도 도시서 직장 생활할 때보다 오히려 훨씬 나아졌어요. 우리 애들도 매일 자연을 접하면서 친구들하고 어울려 놀아 좋고, 이젠 정말 완주가 제2의 고향이구나 싶어요. 한마디로 살맛 납니다."

용진농협 로컬푸드 직매장은 이들 부부의 일터와 차로 10분 거리에 있다. 매장의 20개 CCTV와 연동된 스마트폰 앱으로 실시간 재고 파악이 가능하니 아침에 입고시켜 놓은 물건이 떨어질 때마다 즉시 다시 채워놓을 수 있다. 많을 땐 하루에 네다섯 번씩 오가고 있지만 그만큼 상품이 잘 팔리고 있다는 뜻이니 피곤한 줄도 모른다. 딸기를 싣고 출발하며 백미러 너머로 보이는 아내와 딸에게 손을 흔들고 노래를 흥얼거린다. 당도가 한껏 오른 제철 딸기처럼 새콤달콤한 이들 귀농 가족의 일상이 지역 농가 전체에 활력을 전해주고 있다.

4_ 지역 농산물로 건강 밥상 차리는 소비자의 로컬푸드 이야기

"처음에는 친구 따라서 왔죠. 알고 보니 동네 젊은 엄마들 사이에서 이미 유명하더라고요. 여기 채소랑 과일도 신선하고, 고기도 등급 좋은 한우를 싸게 판다는 거예요. 먹어 보니까 진짜 품질이 너무 좋더라고요. 가격은 더 좋고. 한번 사서 먹어보고 완전히 단골 됐죠. 전주 우리 집에서 운전해서 20분 걸리는데, 이제 대형마트 안 가요. 식재료 구입은 항상 로컬푸드 직매장 이용해요."

전주 시내에 거주하는 30대 초반의 젊은 주부 소비자. 남편과 함께 맞벌이하다 보니 식사와 장보기가 쉽지 않다. 집 근처 대형마트에서 조리 완료된 가공식품, 냉동식품 등을 사다 먹는 일이 부지기수였고, 그마저 귀찮으면 배달 음식을 시켜 먹었다. 건강한 식생활에 대한 관심은 항상 있었지만, 구체적인 방법을 몰

랐다. 그러던 중, 일찍 퇴근한 어느 날 친구와 용진농협 로컬푸드 직매장을 찾게 됐다. 친구가 과일과 채소를 좀 사가야겠다며 데리고 간 것이다.

"어머 세상에! 백화점 시즌 세일할 때보다 사람이 더 많네!"

민정씨는 그동안 자신이 모르고 살던 다른 세상을 알게 된 기분이 들었다고 한다. 별로 넓지도 않은 지역 농협에 빼곡히 몰려드는 자동차와 사람들, 활력 넘치는 분위기. 언뜻 보기에도 밭에서 갓 따온 것처럼 보이는 싱싱한 푸른 채소와 오색 빛깔의 제철 과일들을 보고 있으니 몸이 저절로 건강해지는 것 같았다.

민정씨 친구는 익숙한 듯 매장 곳곳을 누비며 농협 직원들과 인사를 나누더니, 어느새 농산물 판매대의 생산자 정보를 꼼꼼히 확인하고 있었다. 베테랑 주부 같은 친구 모습에 새롭게 느껴지기까지 했다. 대학 시절부터 10년 가까이 친하게 지낸 사이인데 이런 모습은 처음이었다.

"빨리 와, 딸기 금방 다 떨어지겠다."
"깻잎이랑 고추는 여기서 사야 돼. 엄청 싱싱하고 향긋해!"

민정씨 손에는 어느새 상추, 호박, 깻잎, 딸기, 사과 등 한 무더기의 채소와 과일 꾸러미가 들려 있었다. 친구가 좋다고 추천하는 농산물들을 하나씩 사서 담다 보니 이만큼 쌓인 것이다. 그날 저녁부터 그녀는 본격적으로 가족을 위한 요리를 시작했다. 당일 생산한 농산물들이다 보니 재료가 워낙 싱싱해 간단하게 조리했는데도 맛있는 음식이 나왔다. 요리 실력을 못 미더워하던 남편은 밥 두 공기를 싹싹 비웠다. 후식으로 먹은 딸기도 상큼달콤 맛있었다.

이 부부는 요즘 신선한 농산물로 직접 요리해 먹는 즐거움에 푹 빠졌다고 한다. '요리는 좋은 재료가 9할을 결정한다.'는 어느 유명 요리사의 말을 매일 체감하는 중이라고. 특별한 조리법 없이 그저 사온 재료를 씻고 잘라서 익히기만 해도 맛있는 밥상이 차려진다.

두 사람 모두 퇴근 시간이 다가오면 '오늘 저녁은 뭘 먹지?'라는 행복한 고민을 한다. 주말에는 완주까지 드라이브를 간다. 분위기 좋은 레스토랑에서 점심을 먹은 뒤, 로컬푸드 직매장에 들러 장을 봐오는 것이 새로운 데이트 코스로 자리 잡았기 때문이다. 그리고 집에 돌아오면 행복한 저녁을 차려 먹는다. 식사 방식과 습관에 변화를 줬을 뿐인데 민정씨 부부의 삶은 훨씬 풍요롭고 화사해졌다.

5_연 매출 5천만원 달성한 용진 토박이 농가의 비결

로컬푸드를 통해 삶의 변화가 찾아온 이들은 매우 많다. 용진 토박이 농가 역시 용진농협 로컬푸드 매장에서 연 매출 5천만 원을 기록하고 있다. 그는 이곳을 알기 전 건강보험 하나를 새로 가입했다. 예전에 들어놓은 보험이 80세면 만기가 되기 때문이다.

"10년 전까지만 해도 내가 이렇게 팔팔하게 돌아다닐 줄을 몰랐어. 하루하루 나이 먹으니 아픈 데만 늘고 자식들은 누구 하나 부양해줄 생각도 안하고… 그냥 이렇게 늙어서 힘없어지면 조용히 가겠구나 했지."

이 농가는 평생 벼농사를 생업으로 삼고 살아왔고, 마을 내에서는 꽤 큰 농지를 경작하면서 젊은 시절 남부럽지 않은 삶을 살아왔다. 그러나 누구에게나 그렇듯, 예상치 못한 삶의 고비가 찾아왔다. 요양이나 하면서 쉬어야 할 나이에 농사를 손에서 놓지 못했고, 젊은 날보다 더 열심히 일했지만 손에 쥐어지는 것은 없었다. 어느 때부터인가 삶의 의욕도 점점 사라지고 몸은 갈수록 아픈 곳만 늘

었다.

그랬던 그가 이렇게 마음을 바꾸게 된 계기는 다름 아닌 로컬푸드 직매장이 생기면서부터였다. 로컬푸드 직매장에 농산물 판매를 하려면 먼저 교육에 참여해보라는 이중진 과장을 보고 처음에는 어이가 없어 웃었다.

"아니, 내 나이가 낼모레면 팔십인디 이제 와서 뭔 교육을 받으라고 그려."
"어머니, 이제 힘도 덜 들고 쉬엄쉬엄 할 수 있으면서 수입도 규칙적으로 들어오는 농사로 바꿔보셔요."

농협 직원이 로컬푸드에 대해 한참 설명하고 간 뒤로 그는 마음이 복잡해졌다. 모든 걸 접어야 하는 나이에 이제껏 해왔던 방식에서 벗어나 생전 해본 적 없는 농산물을 포장하고 진열하는 법을 배우자니 걱정이 앞섰다. 하지만 직원은 그 뒤로도 그를 계속 찾아왔다. 부지런하고 남 속일 줄 모르는 어머니 성격에 제격이라며 상추며 시금치, 당근 농사를 지어보라고 했다.

계속되는 설득에 그는 마음을 다잡고 다시 농사를 짓기 시작했다. 그러자 경제 상황이 안정적으로 변하면서 의욕이 생기고, 농작물이 자라면 자랄수록 삶의 활력이 생겨났다. 그 덕에 용진농협 로컬푸드 직매장에서만 연 매출 5천만 원이 넘게 되었다.

꿈꾸던 희망이 현실로 다가와서 기쁘다. 농산물 직거래를 통해 지역경제가 살아나게 되면 지역주민들 간에도 서로 소통과 활력이 넘쳐날 것이다. 또 사는 동네와 집이 그저 의식주를 해결하는 공간이 아닌 정과 대화를 나눌 수 있는 안식처가 되기를 기대했다. 이웃에 친구가 생기고 급할 때는 잠시 아이를 맡기고 외

출할 수 있는 믿음직한 어르신이 계시는 마을. 그리고 친구나 어르신이 직접 기른 농산물을 사 먹을 수 있는 고향이라면. 어떤 솔깃한 유혹이나 혹은 힘겨운 풍파에 맞닥뜨리더라도 그곳을 쉽게 떠나진 못할 것이다.

우리 용진농협 로컬푸드 직매장이 로컬푸드 사업의 일번지로 손꼽히고 높은 매출을 자랑하는 것, 국내에서는 물론 해외의 고위 관료들까지 찾아와 우리의 방식을 배워가려고 하는 모습들은 당연히 매우 자랑스럽다. 그동안 지역과 농협 내외부의 여러분들과 함께 고생해온 노력의 성과를 바라보는 순간이 어찌 가슴 벅차오르지 않겠는가?

그러나 그보다 기쁘고 행복한 것은 동네 할머니, 할아버지가 기른 상추와 깻잎을 아이 손을 잡고 장 보러 온 주부가 사가는 모습이다. 우리 밥상에 이 농산물들이 오르기까지 농민들이 얼마나 많은 정성과 노력을 기울였는지, 지역의 흙과 물과 공기를 머금은 채소가 얼마나 건강하고 맛있는 음식인지 엄마가 설명해줄 때 고개를 끄덕이며 재잘대는 아이의 모습.

혹은 과일을 맛있게 먹은 소비자가 생산자에게 문자 메시지를 보내 감사와 응원의 인사를 전하는 모습. 용진농협 1층 카페에서 지역에서 생산된 대추차와 생강차를 마시며 담소를 나누는 지역주민들의 모습. 따뜻한 온기와 정을 나누는 모습들을 볼 때 나는 가장 큰 뿌듯함과 행복을 느낀다.

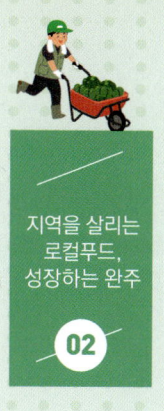

지역을 살리는
로컬푸드,
성장하는 완주

02

가공식품 사업화 우수 사례

1_ 로컬푸드 전문가 미르 영농조합 박선영 대표

용진 봉계마을 회관을 지나 다리를 건너면 공장 건물이 하나 보인다. 주변으로는 치자나무밭이 있어 고즈넉한 아름다움이 묻어나오는 이곳은 박선영(58) 대표가 운영하는 미르영농조합 가공식품 공장이다. 2018년 4월 법인 설립한 미르 영농조합은 손 누룽지, 치자 누룽지, 수제 육포, 알로에, 약고추장 등의 가공식품을 만들어 용진농협 로컬푸드 직매장에 출하하고 있다.

"기계식 누룽지랑은 맛이 달라요. 직접 만드는 손 누룽지는 옛날 무쇠솥에 밥을 해서 생기는 누룽지와 같이 고소하고 쫀득한 맛이 일품이에요."

요리 경력 30년 베테랑인 박선영 대표는 한국 조리기능장 자격을 갖고 있다. 이미 요리 전문가로 정평이 나 있는 그녀가 가공식품 사업에 참여하게 된 계기는 무엇일까?

"정말 우연히 시작했어요. 처음엔 로컬푸드가 뭔지도 몰랐어요. 지인들과 나눠 먹으려고 만든 수제 육포를 동네 정육점 사장님께서 맛보시더니 너무 맛있다고 용진농협 직매장에 내보라고 말씀하시더라고요. 그래서 첫 인연을 맺게 됐죠."

박 대표 스스로 '참 독한 면이 있다'고 할 정도로 한번 마음먹고 결정한 일은 끝까지 해내고야 만다. 기본적인 설비를 갖춰 최소한의 판매 물량이 확보되자, 곧바로 용진농협 로컬푸드 직매장에 제품을 출하하기 시작했다. 판매량이 늘어나고 사업이 궤도에 오르면서 본격적인 귀농을 결심했다.

"일이 착착 진행될 수 있었던 건 완주군과 로컬푸드 덕택이 컸지요. 뭐랄까? 어떤 비전이 보이더라고요. 육포를 처음 팔려고 내놓은 날 사람들이 집어가는 걸 보고 놀랐어요. 물론 우리 재료에 대한 자신감은 어느 정도 있었죠. 신선한 고기를 사용했고 보존제도 안 들어가니까요. 근데, 기본적으로 지역 사람들이 로컬푸드 자체에 대한 믿음이 단단한 것 같았어요. 그래서 '아 여기라면 되겠다.' 판단이 들었죠."

그 후 일사천리로 일이 진행되어 갔다. 얼마 후, 완주군에서 지원받아 HACCP 인증을 받은 육가공 공장이 세워진 것이다. 본격적인 생산 여건이 갖춰지자 물량을 맞추고 정기적으로 출하를 진행했다. 그러자 맛과 영양을 모두 갖춘 수제 육포라고 소비자들을 중심으로 입소문이 나기 시작했다. 간식거리, 술안주, 나들이 음식으로 활용 범위 또한 넓으니 남녀노소 누구나 즐길 수 있는 고급 간식으로 금세 자리매김했다.

로컬푸드 직매장은 이윤 추구 넘어 가치있는 일

충분히 만족할 상황이었지만 박 대표는 여기서 그치지 않았다. 그녀는 품질 좋은 한우를 가공하여 '알로에 한우 육포 약고추장'을 개발, 출시하고 손 누룽지를 만들어서 판매하기 시작했다. 약고추장은 별다른 반찬 없이 한 숟가락만 덜어서 밥에 비벼 먹으면 맛과 영양 모두 만족시키는 일석이조 식품이다. 그리고 4시간 동안 밥을 눌러서 정성껏 만든 손 누룽지는 고소하고 깊은 감칠맛이 일품이다. 어른 아이 할 것 없이 수시로 즐겨 먹을 수 있는 영양 간식이다.

"손 누룽지가 맛있다는 건 다 알지만 수지 타산이 안 맞아요. 4시간 동안 밥을 눌러서 만들어도 고작 8개 정도 밖에 안 나오거든요. 인건비 생각하면 손대기 힘들지만 맛있고 영양 좋은 간식을 만들고 싶어요. 로컬푸드 직매장 특성상 지역 사람들이 많이 사 먹을 텐데 당장 눈앞의 이익만 좇으면 안 된다는 생각이 들더라고요."

박 대표는 그리 대단할 게 없다는 듯 멋쩍은 미소를 짓는다. 그녀는 이윤 추구를 넘어 소비자의 마음을 헤아려 진정한 고객 만족을 추구하는 훌륭한 사업가다. 한편, 박 대표는 사업의 상승곡선이 계속된다면 향후 소비자 체험을 연계시키는 6차산업 작업장을 구상하고 있다고 말했다.

"뭐든지 항상 가치있는 일이 이기는 것 같아요. 고객들은 제 진심을 알아주시는 것 같아요. 특별한 설명 없이 음식을 통해 소비자와 저의 마음이 통하는 것 같은 기분이랄까요? 로컬푸드 직매장이 말이에요. 참 의미도 있지만 또 일하는 재미도 큰 곳이에요. 오래 함께하고 싶어요."

미르 영농조합 전경과 일하는 모습

용진농협 로컬푸드 직매장은 제품에 대한 열정과 자신의 제품을 사랑해주는 지역 소비자들에 대한 애정을 담는 큰 그릇이다. 미르 영농조합 박선영 대표가 만드는 음식 속에는 이 모든 진심이 담겨있다.

2_지역경제와 고용창출, 두 마리 토끼를 잡은 봉동댁 오현명 대표

완주군 봉동읍에 있는 생강 가공식품 전문회사 봉동댁. 이곳에선 생강으로 만든 여러 가지 건강 가공식품을 만들고 있다. 기관지 건강에 좋고 살균작용을 통해 면역력을 높여주는 생강의 효능은 이미 알고 있을 것이다. 봉동댁은 이 생강을 편하고 맛있게 섭취할 수 있는 다양한 식품들을 개발하고 있는데, 대표 제품으로는 '수제 편강', '생강 진액', '편강 담은 두부 스낵' 등이 있다.

여러 종류의 생강 스낵을 만들려면 우선 맵싸한 생강을 잘게 빻아서 뭉근하게 졸여야 한다. 두 시간 이상 큰 냄비에서 주걱으로 휘저어 즙을 만드는 과정은 계속해서 주의를 기울여야 하므로 힘들 수밖에 없다. 상당한 정성과 노력이 필요한 작업이다. 직원들은 완주지역 인근에 사는 30~50대의 기혼 여성들이 대부분이다. 경력단절 여성들의 일자리 문제가 사회 전반에 걸쳐 대두되고 있는 요즘, 봉동댁은 건강식품 개발과 함께 지역 여성 고용창출의 역할도 책임지고 있는 셈이다.

생강 제품을 만들고 있는 봉동댁 직원들

봉동댁 직원들이 제품을 들고 환하게 웃고 있다

여성 직원들은 주로 4~6시간 정도의 파트타임으로 근무한다. 육아와 살림을 병행할 수 있는 일자리가 필요한 여성들에게 그야말로 안성맞춤이다. 다른 지역들도 그렇지만 특히 완주 같은 농촌은 기업이나 공장 등이 없어 도시에 비해 일자리 구하기가 어렵다. 특히 종일 근무가 힘든데다 경력단절 된 기혼 여성들에게 농촌 내 취업은 그야말로 하늘의 별 따기다.

"완주는 인심 좋고 공기도 깨끗하고 건강한 먹거리도 많은데 일자리가 너무 부족해요. 오죽하면 내가 나이 마흔 넘어서 공무원 시험 책을 사다 봤겠어요. 그런데 봉동댁 덕분에 사는 재미가 생겼어요. 오후에 4시간 일하니까 아이들 저녁 식사 챙겨주고 돈도 벌고 너무 좋아요."

40대 초반의 주부 A씨는 전주에서 직장생활을 하다가 시부모님과 살림을 합치면서 완주로 내려왔다. 바뀐 일상의 모든 부분이 만족스러웠으나 새로운 일자리를 찾기가 너무 힘들었다. 아이들이 어느 정도 성장하고 시간의 여유가 생기자 다시 일하고 사회활동을 하고 싶었지만 쉽게 이뤄지지 않았다. 그러던 차에 로컬푸드 직매장에 출하하던 생산 농가들을 중심으로 가공식품 기업들이 하나둘씩 생겼고, 회사에 출근하는 주부들이 늘어났다.

"시골에서는 농사짓거나 시험 쳐서 공무원 될 게 아니면 일할 곳이 없어요. 생활비는 도시보다 조금 적게 들어도 아이들 교육비를 감당하려면 외벌이로는 빠듯하죠. 게다가 막내는 아직 어려서 풀타임으로 근무하는 일자리를 찾을 수도 없었죠. 로컬푸드 직매장이 생기고 가공식품 업체들도 많이 생겨서 일자리가 늘어나 너무 좋아요. 또 먹거리 사업은 우리 엄마들만큼 잘 할 수 있는 사람들이 또 어디 있겠어요?"

생강스낵으로 지역 여성 고용창출 이바지

봉동댁의 오현명 대표 역시 같은 여성으로서 직원들의 사정과 마음을 잘 헤아리고 있다. 물론 처음 가내수공업으로 생강 원료식품을 만들기 시작해 현재의 규모와 성과에 이르기까지 우여곡절도 많았다. 하지만 그 과정에서 많은 노하우를 얻고 자신감도 쌓여 맛과 영양을 겸비한 건강식품들을 지속해서 개발할 수 있게 되었다. 오 대표는 앞으로 봉동댁을 지역의 우수특성화 기업으로 성장시킬 예정이다. 그래야 지역경제 활성화는 물론 지역 여성들의 일자리를 더 많이 창출할

봉동댁에서 만든 생강제품

봉동댁에서 만든 생강제품

수 있을 테니 말이다.

"로컬푸드 직매장이 잘 돼야 봉동댁도 잘 될 수 있어요. 아무리 좋은 제품을 만들어놔도 판매할 공간이 없으면 무슨 소용이겠어요? 로컬푸드 사업이 있었기에 우리도 성장할 수 있었다고 생각합니다. 든든하고 안정적인 판로가 확보되어 있으니까 개발과 생산에 전념할 수 있었죠. 고객도 지역주민들이 많고 제품을 드셔보시고 단골이 되어주세요. 여러 가지로 혜택을 많이 봤고 앞으로 더 잘될 겁니다."

오현명 대표는 로컬푸드 직매장과 봉동댁의 상생 관계가 더 긍정적으로 뻗어나갈 거라 확신하고 있다. 건강에 여러모로 유익하고 다양한 식품에 활용할 수 있는 팔방미인 식재료인 생강을 이용해서 우수한 제품을 만들어 지역경제에 이바지하고, 고용창출 효과까지 만들어내는 봉동댁을 열렬히 응원한다.

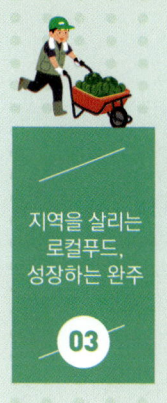

용진 로컬푸드 직매장의 자부심, 마을기업

완주에는 다양한 종류의 가공식품을 생산하는 마을기업들이 있다. 로컬푸드 직매장에 출하하는 700여 농가 중 10%에 해당하는 70여 농가가 가공식품을 팔고 있고, 생산의 규모화, 체계화를 갖추고 있다. 또 많은 농가가 가공식품 사업화와 관련된 교육을 받고 준비하고 있다. 이들은 지역경제 활성화에 이바지할 뿐만 아니라 고용창출 효과를 통해 지역공동체에 활력과 열정을 불어넣고 있다.

1_ 행안부 우수마을기업 선정된 도계마을

용진군 봉서골에 있는 도계마을은 농촌체험 휴양마을로, 2012년 행정안전부에서 우수마을기업으로 선정되었다. 다양한 체험장과 가공 기계 등 기반시설을 갖추고 있는 도계마을은 마을의 경제적 자립과 지역공동체 활성화를 위해 마련되었다. 마을 어르신들의 자발적 출자를 통해 시작된 사업이기에 더욱 그 의미가 깊기도 하다. 도계마을 영농조합법인에서 생산되는 누룽지, 두부, 김치 등을 효율적으로 유통 판매하기 위해 현대적인 시설과 체계적인 방법이 필요하다는 것에 마을 구성원들의 뜻이 일치한 것이다.

도계마을의 김치, 두부 체험장

이곳의 역사는 2003년 마을정보센터가 건립되면서 시작된다. 2009년 '참 살기 좋은 마을'로 선정되면서 김치 체험장이 준공되었고, 2010년에는 파워빌리지로 선정되어 '두부 체험장'이 생겼다. 도계마을에서 만드는 식품들에 들어가는 배추, 콩, 마늘 등의 재료는 지역에서 생산되는 농산물을 이용하고 있다. 그만큼 신선하고 맛도 좋기 때문에 제품의 우수성을 인정받아 매출액도 꾸준히 오르고 있다. 2011년 8천5백만 원을 시작으로, 2012년 3억, 2013년엔 5억의 판매 매출액을 올렸고, 2021년에는 6억9백여만 원의 매출액을 올리며 꾸준한 상승세를 이어가고 있다.

마을사업 통해 매년 25~40% 높은 배당액 지급해

도계마을의 가치는 단순히 매출이 오르는 것에서 그치지 않는다. 마을공동체의 협력으로 얻어낸 사업의 수익은 주민들을 위해 사용함으로써 진정한 지역경제의 선순환 구조를 자리 잡게 했다는데 그 의미가 더욱 크다. 사업에 출자한 주민들에게는 매년 25~40%의 고비율 배당액을 지급해주고 있다.

관광객이나 지역 아이들에게 김치, 두부, 완자, 야생초, 조롱박 등 체험관광을 진행하고 있다.

그리고 2010년부터는 80세 이상의 마을 어르신들에게 생일상 차려주기 프로젝트를 추진하고 있다. 고령의 노인들이 많다 보니 생일잔치에 이웃들이 모여 안부를 묻고 음식을 나눠 먹으며 정을 나누는 것이다. 2013년부터는 마을의 우수 학생을 3명씩 선발하여 한 명당 40만 원씩 장학금을 지급하고 있다. 어느 공동체나 마찬가지겠지만 청소년이 곧 그 고장의 미래이자 희망이라는 취지로 현재까지 추진하고 있다.

도계마을의 사업 품목은 발전을 거듭하며 다양해지고 있다. 2003년 누룽지 판매 사업을 시작으로 2011년에는 지역에서 생산된 콩으로 두부를 만들기 시작했고, 2012년에는 도계 전통 배추김치, 깍두기, 순두부 등을 출시했다. 2013년 열무김치, 2014년 깻잎김치, 2015년 얼갈이김치 등 두부와 배추를 활용한 다양한 가공식품을 개발하여 사업의 폭을 넓히고 있다.

해외 대학, 공무원들이 벤치마킹하는 도계마을

도계마을의 사업 성과에서 고용창출을 빼놓을 수 없다. 현재 각 체험장과 조합법인 등에서 근무하는 고정 상주인원만 14명이고, 상품 개발과 유통 판매에 종사하는 간접 고용인원은 50여 명이다. 원재료를 생산하는 농민들까지 포함한다면 도계마을 식품·체험장 사업을 통해 더 많은 일자리를 창출하고 있는 셈이다.

또 김치 만들기, 두부 만들기, 야생초 배우기, 완자 부치기, 조롱박 만들기 등의 도계마을표 농촌체험 프로그램은 언제나 인기 만점이다. 관광객이 많이 찾아오니 도계마을 주민들의 일자리도 창출되고 마을에 활력이 생겨 긍정적 효과가 크다.

도계마을 입구에 서있는 간판

복마을만들기 콘테스트에서 국무총리상 수상

　게다가 도계마을은 전국에서 두 번째로 마을자치연금을 도입했다. 마을에 신재생에너지 태양광 발전시설을 조성하고, 이를 통해 나오는 발전 수익금 60퍼센트와 마을공동체 수익금 40퍼센트를 활용해 도계마을에 거주하는 75세 이상 어르신들에게 매월 10만 원 정도의 연금을 지급하는 방식이다. 마을사업과 더불어서 농촌 노후소득, 지역 인구 위기극복, 마을공동체 활성화 등 일석삼조의 효과를 주고 있다.

도계마을 대표 상품 누룽지

　도계마을은 앞으로 농촌이 나아가야 할 길을 제시하고 있다. 지역 농산물을 가공해 먹거리를 만들고 체험 프로그램을 통해 관광객을 유치해 부자 마을을 만들고 있다. 도계마을을 견학하기 위해 미국 대표 언론기자단, 일본 식문화협회와 북해도대학교 연구팀, OECD 농촌정책 담당관, 이라크 고위공무원 등 수많은 해외 방문객이 줄을 잇고 있다. 또 주요 신문과 방송에서도 농촌의 희망 우수사

주민들이 지역 농산물로 김치를 가공해 판매하고 있다.

OECD 농촌 정책담당관들이 방문해 체험하고 있다.

례로 소개되었으며, 행정안전부 장관상, 행복마을만들기 콘테스트 국무총리상, 대한민국산업대상 수상 등 다양한 상을 받았다.

또 KCC, 엠마오 사랑병원, KT, 크린토피아, 전주시 교육청 등 많은 기관과 단체와 자매결연을 맺고 있다. 단순히 지역 농산물 생산에서 그치지 않고 가공 상품을 만들고, 체험 프로그램까지 제공하는 이른바 6차산업으로 발전하고 있는 도계마을의 미래가 더욱 기대된다.

2_ 연간 1만 여명 찾는 농촌치유마을 두억마을

자연경관을 그대로 간직하고 있어 아름다운 두억마을. 이곳은 2009년 농촌체험마을로 지정된 이후 연간 1만여 명이 방문하여 농경문화 활성화를 이끄는 농촌치유마을로 성장하고 있다.

'두억행복드림마을'이라는 이름은 마을 고유 명칭인 '두억'이라는 단어에 "마을을 찾는 모든 분께 두 억 배만큼의 많은 행복을 나눠드린다."는 의미로 지었다.

두억마을 안내판   두억마을 체험장

마을 이름을 브랜드화하여 여러 방면으로 활용하고 있다.

두억행복드림마을은 마을사업을 위해서 체계적인 조직을 구성하여 일을 분담하고 있다. 마을 주민들이 힘을 모아 장승길과 담장 벽화, 삼거리 경관 조성작업 등을 진행했다. 또 풍물놀이, 사자소학 학습, 전통놀이 지도사 자격증, 인형극, 스포츠댄스 등 마을 사람들의 역량 강화를 위해 노력했다. 지역 특성상 부족한 농산물을 대체하기 위해 두억마을 특색을 담은 체험 프로그램을 개발했다.

현재 두억마을은 농사, 자연, 공예, 전통문화, 음식, 숙박 등 다양한 체험 프

행복드림한옥(밀양박씨 재실)

로그램을 운영하고 있다. 특히 완주군과 연계하여 운영하는 시민텃밭, 주말농장, 전라북도 시범 캠핑농장과 완주 귀농귀촌협의회와의 협업으로 진행되는 농촌에서 살아보기 프로젝트는 도시민들에게 인기 만점이다.

대표적인 체험 프로그램은 크게 숲체험, 문화체험, 농사체험, 공예체험으로 나뉜다. 숲체험은 자연 속 힐링 체험공간을 통해 나만의 나무 만들기, 두레두레 둠벙체험, 숲 밧줄놀이, 도꼬마리다트 던지기, 대한민국 8대 명당 터 밟기, 움집놀이 등이 있다. 해설과 함께 협동심을 기를 수 있고 자연의 소중함을 체험할 수 있다.

전통 민속놀이, 과거시험 체험, 지게 가락 공연, 떡메치기, 행복드림 한옥스테이로 구성된 문화체험은 옛날 전통문화를 체험해볼 수 있어 많은 사람이 좋아하고 있다. 또 벼농사 체험, 제철 농산물 수확 체험, 두억 로컬프리마켓 등의 농사체험과 전통 제기, 허수아비, 가오리연, 느티나무 우드버닝, 무드등 만들기 등 두

옛날 전통문화 체험 프로그램

억마을의 상징과 전통 재료를 통해 만들 수 있는 공예체험은 두억마을의 자랑이다.

두억마을 주민들은 여기서 그치지 않고 더 다양한 체험 프로그램을 개발하기 위해 노력하고 있다. 숲 놀이체험, 움집 체험, 유기농 팝콘 만들기, 두꺼비 목공 퍼즐 만들기 같이 교육적인 내용도 있으면서 지루하지 않은 프로그램을 만들고 있다. 또 농경문화전시체험관을 통해 아이들은 물론 도시민들에게 농경의 소중함을 가르치고 일깨워주고 있다. 방문객들이 체험을 통해 농촌의 소중함을 배우고 갔으면 하는 것이 주민들의 작은 소망이다.

다양한 농촌 체험 프로그램 만들어 관광객 유치

두억마을은 마을 내 부지의 대부분이 밀양박씨 규정공파 전서공 문중의 소유로 이루어져 있다. 마을사업에 활용할 수 있도록 문중 소유 부지들과 건축물 등을 허용해주어 이를 활용하고 있다. 대표적인 것이 밀양박씨 재각을 활용한 '행복드림한옥'으로 두억마을을 체험하러 온 고객들은 이곳에서 숙박할 수 있다. 최대 40명까지 숙박할 수 있으며 전통 이야기부터 시골밥상까지 체험할 수 있다.

또 두억마을은 현대자동차 등 총 6개 기업과 1사1촌을 체결하여 지속해서 교류 활동을 펼치고 있다. 특히 현대자동차 전주공장과는 송년의 밤 행사, 대보름 행사, 사회공헌사업 등 다양한 프로그램을 통해 교류하고 있다. 전통콘텐츠연구소 연과 자매결연을 맺어 마을주민 역량강화 및 체험 프로그램에 도움이 될 수 있도록 노력을 기울이고 있다.

두억마을은 2019년 완주군, 농진청 '농경문화소득화모델'로 선정되었다. 마을

시민주말농장   주민 역량강화를 통해 마을공동체를 이끌고 있다.

발전을 위하여 '나'보다는 '우리'라는 마음가짐으로 모든 활동에 임한다는 두억마을의 주민들이 이뤄낸 결과다. 다른 지역에 비해 농산물 생산이 적고 젊은 노동력이 부족하지만, 마을 주민들의 역량을 강화하고 체험 프로그램을 늘려 최고의 마을이 된 것이다.

3_ 전통방식 발효식품으로 유명한 부평마을

옛날부터 장맛 좋기로 소문난 부평마을은 2010년 완주군 참살기좋은마을사업으로 장류 사업을 시작하여 2014년에 마을기업으로 지정되었다.

우선 부평마을은 볏짚을 넣지 않고 메주를 만들어도 될 정도로 아주 좋은 발효 환경을 가지고 있다. 또 장류에 들어가는 모든 원재료는 완주군에서 생산된 농산물만을 사용하고, 전통방식을 고집하여 장을 담기 때문에 안전하고 신선한 맛을 자랑한다. 마을 마당에는 장이 담겨있는 전통 옹기들이 가득하여 방문객들에게 볼거리를 선사하고 있다. 전통 옹기와 좋은 발효 환경에서 1년 이상 숙성

부평마을을 대표하는 장류가공공장   장이 담겨있는 전통 옹기들이 가득하다.

된 장들은 그 어떤 장의 맛과도 비교할 수가 없다.

    완주에서 나는 콩으로 만든 된장과 청정지역 맑은 물을 사용한 건강한 맛의 간장, 태양초와 직접 고아 만든 조청을 넣은 고추장, 그리고 전통방식 그대로 만들어 고향의 맛을 느낄 수 있는 청국장이 부평마을의 대표적인 특산품이다.

    특히 청국장은 마을에서 재배된 콩을 1순위로 사용하는데 물량이 부족할 때

마을 주민들이 부평마을 특산품을 자랑하고 있다.

는 완주 콩을 사용하고 있다. 콩 재배부터 청국장 가공, 포장까지 모두 마을 주민들의 손으로 이뤄지기 때문에 정성이 듬뿍 담겨있다. 또 참기름과 들기름을 생산하는데 직접 재배한 최고급 들깨와 참깨를 저온에서 볶고 압착하여 발암물질 걱정이 없다.

부평마을의 식품들은 고객의 건강과 안전을 위해 한 달에 한 번씩 자가품질 검사를 통해 철저히 검증하고 있다. 현재 부평마을의 특산품들은 용진농협 직매장, 로컬푸드 전주효자점, 완주 모악점 그리고 부평마을 홈페이지를 통하여 전국으로 팔려나가고 있다.

4_ 한과로 지역경제 활성과 일자리 창출하는 서계마을

산이 작고 들녘이 넓은 서계마을은 2012년 9월 서계영농조합법인을 설립하고

부평마을 전통 발효식품

2013년 마을기업으로 지정되었다. 서계마을의 주민들 대다수가 벼농사를 짓고 있기 때문에 마을에서 생산된 곡식들을 활용하여 전통 한과 부스개를 만들어서 판매하고 있다.

서계마을은 마을기업으로 선정된 이후 전통 한과 강정과 포장재를 개발하고 체험 프로그램을 운영하고 있다. 2013년 '참살기 좋은 마을'을 통해 전통 한과와 가양주를 만들고 저온저장시설을 갖추고, 2015년에는 마을기업 고도화사업을 통해 기계장치와 작업장 환경개선 등 위생시설을 확충하였다.

서계마을의 한과들은 주민들이 직접 수작업으로 만들기 때문에 저마다 크기와 모양이 조금씩 다르다. 옛날 전통방식으로 정성스럽게 만들기 때문에 고유의 멋과 맛이 있다. 강정은 두 번을 찐 다음, 담백하고 고소한 맛이 날 수 있도록 기름 없이 말려 볶는다. 부스개는 쌀이 불도록 3주 이상을 담가 두어야 하고, 유과는 기계로 모양을 잡은 후 최소 두 달 동안 저온창고에서 숙성 기간을 거쳐야 한다. 여름에 작업할 때 에어컨 바람을 쐬면 한과가 쉽게 부서지기 때문에 모두 더위를 참아내며 일해야 한다.

서계마을 입구 담장과 이정표

서계마을 특산품인 부스개와 조청

70대 이상 어르신들이 만든 유과 15곳 이상 직매장에 납품

서계마을은 주민 대다수가 70세 이상 어르신들로 이루어져 있지만, 부스개를 포함하여 유과 및 강정, 조청 제품을 로컬푸드 직매장 13곳에 꾸준히 납품할 정도로 열심히 움직이고 있다. 마을공동체 사업으로 어르신들의 일자리가 생기고, 그 덕에 쌀 소비량도 많이 늘었다. 완주 내에서 오로지 서계마을만 부스개를 만든다는 자부심 또한 크다. 한여름 무더운 날씨에도 지역 역량강화 및 리더교육 프로그램에 주민 대다수가 참여할 정도로 마을공동체 사업에 대한 애정이 남다르다.

어르신들은 모여서 부스개를 만드는 재미도 있고, 소득이 생기는 데다가 마을에 도움도 되니 보람을 느낀다. 서계마을 프로젝트를 통해 생겨난 고정 일자리는 7명, 그 외 교육과 체험 프로그램 등 각종 간접적인 일자리까지 합하면

직접 손으로 부스개를 만들고 있는 마을 어르신들   역량강화교육을 받고 있는 마을 주민들

20~30명이 넘는다. 지역 농산물을 이용한 부스개 사업이 어르신들 일자리 창출에 큰 역할을 하는 것이다. 전통방식으로 만든 부스개는 소비자들의 입맛을 사로잡았고, 완주의 특산품으로도 당당히 자리매김하였다. 지역경제 활성화는 물론 지역 홍보까지 하게 된 것이다.

2020년 HACCP 인증을 통하여 더욱 소비자의 만족을 위해 노력한다는 서계마을 주민들. 마을 내의 소통과 단결을 위하여 역량강화 수업에 참여하는 어르신들의 눈이 반짝반짝 빛난다. 서계마을은 고령화 농촌마을의 모본이 되고 있다.

5_ 주민 60% 이상 귀촌인으로 구성된 신봉마을

신봉마을은 마을 주민의 60퍼센트 이상이 귀촌한 사람들로 구성되어 있고, 문화사업으로 마을기업을 운영하고 있다. 2012년에 어르신들을 대상으로 민요교실을 열고 실버합창단을 만들어서 활동한 것이 그 시작이다.

실버합창단은 2012년 완주군 개청식 행사를 시작으로 완주 관내 다수의 행사에 참여하면서 이름을 알렸다. 2015년 생생마을 콘테스트에 참여한 뒤 타지역의 선진지 견학팀이 다수 신봉마을을 방문하기도 했다. 또 농림식품부의 농촌문화사업을 지원받아 벽화사업으로 마을 경관을 조성했다.

신봉마을은 옛 지명으로 '개굴터'라 불렸는데, 입을 쩍 벌린 호랑이 앞에 감히 개가 누워있는 모습을 하고 있다해서 개굴터라고 했다. 그 때문인지 신봉마을 벽화에는 호랑이와 개들이 자주 등장한다. 또 다른 지명으로는 서당골이 있는데 그걸 따서 현재 마을 민요합창단의 이름을 서당골이라 지었다. 신봉마을 민요합창단 이야기는 벽화에도 그려져 있을 정도로 마을의 자랑거리며, 민요합창단의 공연 모습과 주민이 하나가 된 사연을 소개한 영화 '신봉 청춘 뉴스'는 제7회 서울 노인영화제에서 서울시장상을 받기도 했다.

신봉마을의 아름다운 벽화에는 도깨비 이야기, 일월오봉도 등 예부터 전해 내려오는 마을 이야기들이 담겨있다. 우수한 경관을 통해 전라북도가 주관한 '제2회 삼락농정 행복마을만들기 콘테스트'에서 으뜸 마을상을 받기도 했다.

또 2020년부터 종합개발사업을 시작하여 마을회관을 새로 신축하였고,

마을 입구 담장에 그려진 벽화

신봉마을 자랑인 민요합창단

2022년부터 2차 마을 벽화사업으로 더욱더 아름답고 행복한 마을을 만들어갈 것이다.

완주군의 마을기업들은 그간의 수상과 실적이 증명해주듯 마을공동체 사업의 성공사례로 손꼽히고 있다. 그뿐 아니라 지역주민들이 합심하고 협력하여 마을의 경제를 부흥시키고, 미래 세대에까지 지속할 수 있는 사업 모델을 만들어줬다는 점에서 다른 농촌 마을들에 귀감이 되고 있다.

마을기업들의 발전과 성공의 배경에는 로컬푸드 직매장이라는 안정적인 판로가 있다. 2012년 이후 10여 년간 로컬푸드 직매장의 매출은 꾸준히 올라 100억을 상회하고, 1일 평균 방문객 수는 평일 1,300명, 주말 2천 명을 웃돌고 있다. 이렇듯 배후에 든든한 시장이 있으니 신선한 재료와 특화된 가공 기술만 있으면 누구든지 지역 내에서 제품을 만들어 판매할 수 있다는 자신감이 생기는 것이다.

지역에서 성과를 거두는 사례들을 보며 다른 농가들도 동기부여를 얻어 농산물 생산과 출하를 넘어선 또 다른 꿈을 가지게 된다. 그리고 그 꿈을 실현하기 위해 더욱 양질의 농산물을 얻으려는 노력을 기울이고 건강과 맛을 잡기 위한 제품 개발에 몰두한다.

    이렇게 자발적인 노력을 통한 선의의 경쟁 속에서 제품 품질 전반의 상향평준화가 일어나면 소비자들도 우수한 제품을 합리적인 가격에 구매할 수 있게 된다. 입소문이 퍼져 홍보 효과가 일어나며 새로운 방문객들이 유입된다. 실제로 용진농협 로컬푸드 직매장은 이미 '전국구 마트'라는 소문이 날 정도로 신선한 농산물과 특화 가공식품을 구입하려는 전국 각지 소비자들의 방문이 갈수록 증가하고 있다.

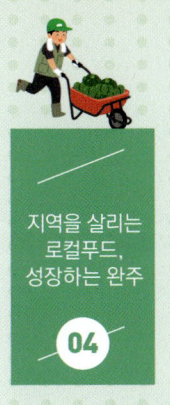

지역을 살리는 로컬푸드, 성장하는 완주
04

용진농협 로컬푸드와 함께하고 있는 사회적 기업

1_ 떡 생산으로 장애인 직업교육와 재활 돕는 완주떡메마을

완주떡메마을은 장애인의 새로운 꿈과 희망을 위해 설립된 중증장애인 다수 고용사업장이다. 근로 작업과 직업 훈련 병행을 통해 장애인 스스로 삶의 주인공으로 만들고, 안정된 삶을 영위할 수 있도록 자립을 돕고 있는 장애인직업 재활시설이다.

또 차별 없는 고용의 기회를 지원하고 사회 통합을 실현하기 위하여 장애 영역별 직무를 개발하고 건강한 일터를 만들고 있다. 근로 장애인들의 고용유지율은 7년 8개월 이상이라고 한다. 이런 사회적 활동을 바탕으로 지역 사회에는 건강하고 안전한 먹거리를 제공하며, 지역 농산물 직거래를 통해 지역경제 활성화에도 긍정적인 영향을 미치고 있다.

완주떡메마을은 2008년 보건복지부 중증장애인 다수 고용사업장으로 선정된 후 2009년 12월 31일 설립, 이듬해 2010년 2월에 개관하였다. 떡 생산, 가공, 포장하는 시설을 갖추고 있으며 생산된 떡들을 바로 파는 직매장인 떡 카페

완주떡메마을

와 쑥, 모시 등 원료를 재배하는 민들레농장을 보유하고 있다.

완주떡메마을에서 레시피를 개발하고 근로 장애인들을 교육한 성과는 곧바로 찾아왔다. 지역의 초·중등학교 급식 납품 및 군부대 납품 체결을 하였고, HACCP 시설 인

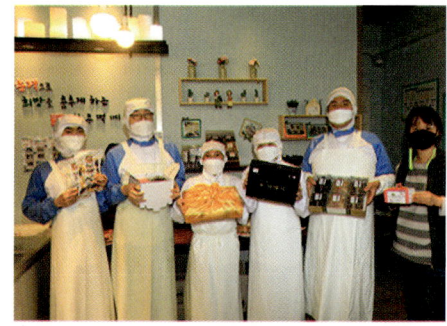

열심히 떡을 만들고 있는 완주떡메마을 직원들

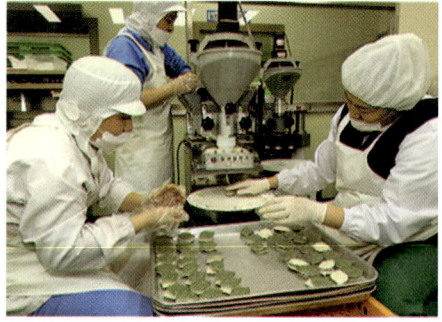

중, 2015년 한국장애인개발원 특별지원사업인 "꿈앤카페"를 열기도 했다.

특별한 떡 만들기 위해 레시피 연구 몰두

완주떡메마을의 주력상품은 콩 인절미와 하트 백설기, 쑥갠떡 등 80여 종에 이른다. 현재 지역을 대표하는 떡 브랜드인 "떡메떡"을 통해 완주의 이름을 알리고 있다. 신선한 재료와 진정성이 담긴 맛있는 떡으로 입소문을 타면서 2021년 10억 원의 매출을 달성했으며, 단체급식 59곳, 군부대 13곳, 로컬푸드 매장 9곳 등 총 81곳에 납품되는 성장을 이루어냈다. 새로 개발한 냉동 아이스 찰떡 세트를 '눈꽃雪花'로 확정하고 상표출원까지 신청했다.

완주떡메마을은 장애인의 지위 향상 및 임금 안정화를 위해 중증장애인들의 현장훈련과 직장체험 활성화에 앞장서고 있다. 또 완주떡메마을만의 특별한 떡을 만들기 위해 레시피 연구에도 몰두하고 있다.

장애인 인식개선 및 교육을 위해 장애인과 장애아동, 어린이 등을 대상으로 하여 떡케익 만들기, 전통떡 만들기, 떡메치기 등 다양한 떡 생산 체험 프로그램을 운영하고 있다. 민들레농장에서 원료인 쑥 수확을 체험하고 가루를 배합하여 떡을 만드는 체험을 통해 진로와 직장에 대해 교육하고 있다.

완주떡메마을은 코로나 자가격리자 구호물품 지원, 봉동읍 희망나눔 가게의 정기후원 등을 통해 지역사회와 함께 소통하며 성장하고 있다. "더 좋은 생산품

완주떡메마을에서 만들어낸 떡들

과 전문적인 경영을 통해 장애인 직업 재활의 본질을 추구하면서 지역사회와의 협력을 통해 나아갈 것"이라는 양정숙 완주떡메마을 원장의 말처럼 사회적 기업으로서 더욱 발전하길 기대한다.

지역사회와 하나가 되어가고 있는 완주떡메마을

2_ 팜하우스, 팜카페, 팜교육장까지 농촌의 희망을 제시하는 담소담은

완주로컬푸드 (영)꿈드림의 담소담은 단호박으로 단호박 식혜, 단호박 떡, 단호박 영양 찰밥 등 다양한 단호박 식품을 만들고 있다. 또 유자청, 떡, 약식, 인절미, 잼, 송편 등 다양한 만들기 체험 프로그램을 운영하고 있다.

담소담은 정선진 대표는 2008년, 농협에서 계약재배로 받은 단호박 씨앗으로 처음 농사를 시작했다. 하지만 처음부터 상품 가치가 있는 단호박을 수확하지 못했다. 그녀가 키운 '보우짱'이라는 품종의 미니단호박은 모양이 예쁘지 않았기 때문에 매장에서 상품 가치가 없었다. 하지만 맛은 일품이었다. 이에 그냥 버릴 수가 없어 먹을 만한 것은 주변 지인들에게 나눠주고 남은 것들로 피자, 떡, 머핀, 쿠키 등을 만들었다. 이것이 담소담은의 첫 시작이다.

담소담은 소포장, 지역 농산물, 건강한 맛으로 지역주민 사이에서 인정받고 있다. 담소담은의 떡과 식혜가 주민들의 입맛을 사로잡은 이유는 간단하다. 해묵고 벌레 먹은 쌀이 아닌 갓 도정한 쌀로 만들기 때문이다. 또 로컬푸드 직매장 7개소, 어린이집 및 유치원 2개소에 제품을 납품하고 농협 하나로마트에 입점하는 등 판로를 다양하게 확보해 전략적으로 물건을 팔고 있다.

수확에서 가공, 요리 등 다양한 체험 프로그램 개발

그 결과 1억2천5백만 원에서 2억2천2백만 원으로 매출액이 크게 뛰었으며 직원 수도 6명으로 증가했다. 또 1년 새 방문객 수도 100명에서 250명으로 늘었을 정도로 많은 사람에게 사랑받게 되었다.

담소담은 회사 전경

    2021년 '본앤하이리'라는 이름의 직영 카페를 개장했다. '나고 자랐다'라는 의미의 영어 'BORN'과 농장이 위치한 마을인 '하이리'를 합쳐 만든 이름은 로컬의 진정성 있는 경험을 선사한다는 비전을 담았다. 기존의 떡 제품과 식혜에서 좀 더 확장해 직접 농사지은 유자로 만든 유자청 음료와 쿠키, 유자 마들렌 등 다양한 제품을 선보이며 고객들과 더 가까이 소통하는 창구를 만들었다.

    직접 재배하는 유자와 레몬 등 만감류가 자라는 팜하우스, 브런치와 음료를 맛볼 수 있는 팜카페, 원데이 클래스부터 맞춤형 교육까지 진행하는 팜교육장까지. 2012년 완주 로컬푸드의 시초를 함께한 담소담은은 어엿한 사회적기업이 되어 다양한 도전을 시도하고 있다. 팜하우스와 공장을 탐방하는 '농장 산책', 단호박 파이 만들기, 레몬청 만들기 등 힐링을 느끼고 지혜를 배울 수 있는 프로그램이 운영되고 있으며, 농촌의 생명력을 배우는 365일 치유농업학교 역시 매년 진행되고 있다.

치유농업학교에서는 레몬과 방울토마토 등 소비자가 키우는 것을 체험하게 하는 프로그램과 학교 발달장애 청소년들과 농업 과정을 준비하는 졸업생들을 위한 사회적 농업 교육 프로그램도 진행되고 있다. 또한, 수확 체험과 카페 베이커리 체험 등 일반인들을 대상으로 한 체험 프로그램도 운영되고 있다.

현재 사회적 농업 기업은 완주가 제일 많다고 한다. 생산, 가공하고 3차 서비스와 체험 프로그램 등을 통해 사회적 선순환에 기여하고 있는 사람들. 그들은 차근차근 자기 힘으로 성공을 이루면서 지역을 지탱하는 한 축이 되었다. 조금 더 좋은 프로그램을 제공하기 위해, 조금 더 다양한 체험을 경험시켜주기 위해

2021년 카페 '본앤하이리'를 개장했다.

유자와 레몬 등이 자라는 팜하우스에서 시아버지, 아들과 함께한 정선진 대표.

담소담은은 언제나 고민하며 여러 콘텐츠를 개발하고 있다. 또 수확에서 가공, 요리 등 직접 체험하게 하는 농업 프로그램들은 5년이 넘게 지속되고 있으며, 제2의 담소담은을 만들 수 있는 희망을 꾸준히 제공하고 있다.

1차 농업만으로는 현실적으로 힘든 생활. 정 대표는 농업의 어려움을 누구보다 잘 알고 있다. 그렇기 때문에 1차로 로컬푸드를 생산한 다음, 특색 있게 가공하여 판매하고, 이를 통해 카페, 식당 등 서비스를 제공하면서 치유와 교육 등 농업 체험 프로그램까지 연계하였다. 담소담은은 청년키움식당을 통해 일자리 창출에 기여하고 있으며, 기부함도 운영하고 있다. 앞으로도 많은 농업, 귀농인들뿐만 아니라 후배 농업인들에게도 귀감이 되길 바란다.

단호박 식혜, 단호박 떡, 단호박 영양 찰밥 등 다양한 단호박 식품을 만들고 있다.

CHAPTER 4

지역의 미래 책임지는 로컬푸드

01. 지역에서 생산·소비하는 로컬푸드, 희로애락 지역공동체
02. 용진농협으로부터 시작, 전국으로 확산되는 로컬푸드
03. 농촌관광 거점 역할하는 로컬푸드 직매장
04. 완주군, 용진농협, 로컬푸드의 최종 미래는?

지역의 미래
책임지는
로컬푸드

01

지역에서 생산·소비하는 로컬푸드, 희로애락 지역공동체

용진농협로컬푸드 매장에 가면 일반 마트에서는 볼 수 없는 광경이 종종 펼쳐진다. 매장 안에서 생산자와 소비자가 인사를 하고 안부를 주고받으며 대화를 하는 것이다. '로컬푸드'라는 말 그대로 지역주민이 생산한 제품을 지역에서 소비하기 때문에 물리적 거리와 마음의 거리가 가까울 수밖에 없어서 일어나는 현상이다. 생산자는 정성껏 기른 농산물을 사가는 소비자에게 고마움을 느끼고, 소비자는 신선하고 좋은 제품을 책임지는 생산자에게 신뢰감을 느끼게 된다. 서로 얼굴을 마주하는 관계에 신뢰와 정서적 유대감이 싹트는 것은 당연한 일이다.

로컬푸드 직거래 매장은 단순히 물건을 사고파는 장소가 아니다. 얼굴을 마주하다 보면 자연스럽게 일상적인 대화가 오가고 가족 대소사나 희로애락의 감정들도 공유하게 된다. 단순한 시장의 개념을 넘어 지역공동체 역할을 하게 되는 것이다. 지역 아이들은 건강한 관계를 맺은 어른들 사이에서 건강한 음식을 먹고 자라며 자기 고향인 농촌을 더욱 깊이 사랑하게 된다. 나고 자란 고향을 쉽게 떠나지 않을 것이다.

1_ 치매 어르신을 보듬은 지역공동체, 용진농협 직매장

"아이고, 또 그냥 가져가시네요, 어르신 물건을 샀으면 값을 치르고 가져가셔야죠."

"벌써 이달 들어서만 네 번째예요. 꼭 아침 판매 시작할 때 오셔요. 농협에서 가족들에게 얘기 좀 해주세요"

용진농협 로컬푸드 직매장을 운영한 지 4년쯤 되었을까? 매장에 아침마다 종종 나타나는 치매 어르신(81세, 남)이 계셨다. 문제는 이분의 상습적인 도벽 행동. 보통 생산자들이 매장 내 물품 진열을 마치면 판매 직원들은 본격적인 손님맞이 준비로 정신없이 바빠진다. 제품에 가격과 생산자 정보가 잘 붙어 있는지 최종 점검하고, 청결과 위생 상태까지 많은 것들을 확인해야 한다.

겨우 한숨 돌릴 때쯤이면 어김없이 문 열리는 소리와 함께 어르신이 등장했다. 이미 이전에도 비슷한 사건들을 겪어본 적 있는 직원들은 손을 멈추고 긴장된 눈빛으로 어르신의 걸음걸이를 살핀다. 단추 잠옷 위에 펑퍼짐한 홑겹 점퍼를 걸친 어르신은 마치 놀이동산에 입장한 어린아이처럼 한껏 들뜬 몸짓으로 매장 안을 이리저리 누비신다.

"와~ 빵이다. 이거 맛있겠다. 이건 내가 너무 좋아하는 호박떡이네?"

가공식품 매대로 간 어르신은 빵과 떡, 과자 등을 잡히는 대로 주머니에 넣고 매장 밖으로 걸어나갔다. 천진난만한 웃음과 기쁨으로 한껏 고조된 목소리마저 영락없는 장난꾸러기 사내아이 같았다. 어린이가 보물찾기 놀이에서 마음에 드는 상품을 손에 넣어 의기양양하게 집에 돌아가는 것처럼 보였다.

생산농가는 새벽부터 문이 열리기를 기다렸다가 좋은 자리를 차지하기 위해 서둘러 들어간다.

　어르신을 불러세우고 계산하지 않으면 가지고 나갈 수 없다는 직원과 아침을 먹지 못해 배가 고프니 음식들을 먹겠다는 어르신과의 실랑이가 한참 동안 이어졌다. 긴 실랑이 끝에 어르신의 신분과 주소를 알아보니 인근 마을에 거주하는 분으로 그의 아내를 잘 아는 직원이 있었다.

　"전혀 이럴 분이 아니신데, 늘 점잖고 온화하고 두 분 금슬도 좋으셨어요. 그런데 부인이 돌아가시고 충격이 너무 크셨나 봐요. 그 뒤로 바깥출입도 일절 안 하시고 주변 사람들이랑 연락도 끊으시더니 몇 달간 집에서 술만 드셨다 하더라고요. 그 뒤로 일종의 급성 치매가 왔다는 얘기는 들었어요."

물건 훔친 어르신 사연 알고, 수소문 끝에 남동생 연결해줘

안타까운 사연이었다. 법대로 처리할 순 없었지만, 그렇다고 해서 어르신이 먹은 음식값을 생산자가 피해 보게 할 수도 없었다. 보고를 받고 한참을 고민하다가 우선 가족과 지인들을 수소문해보기로 했다. 오랫동안 완주지역에 거주하셨으니 분명히 연고가 있을 터였다. 지인을 통해 알아본 결과, 어르신의 두 아들은 각각 캐나다와 미국에 거주 중이었다. 자세한 사정을 알 수는 없지만 왕래를 안 한 지 이미 수년이 지났다고 한다. 다행히 전주에서 공직자로 있는 나이 차이가 많은 막내 남동생과 연락이 닿았다.

"아이고! 너무 죄송합니다. 그리고 알려주셔서 감사합니다. 제가 형님을 잘 살펴드렸어야 하는데, 도리를 다하지 못해서 많은 분께 폐를 끼쳤네요. 저한텐 아버지 같은 형님인데 앞으로 잘 모시겠습니다. 한 번만 용서해 주실 수는 없을까요?"

아침 6시 매장 문이 열리면 농민들은 일제히 들어가 생산한 농산물을 매대에 진열한다.

우리 직원의 전화를 받은 그는 엉엉 울면서 통사정했다고 한다. 나는 직원에게 보고받고 마음이 착잡해졌다. 우리 형님 생각이 났기 때문이다. 형님은 철모르고 산으로 들로 뛰놀던 어린 시절부터 나를 어디든 데리고 다니며 챙겨줬고, 때론 학교 숙제나 시험공부를 도와주던 선생님이 돼주기도 했다. 나이가 들어 부모님이 세상을 떠나신 뒤에는 우리 집안의 어른 역할을 맡으며 동생들의 든든한 버팀목이 돼주었다.

내가 동생분과 다시 통화를 해보니 형님을 곧 좋은 요양시설에 모실 예정이니 그때까지만 잘 좀 부탁한다고 말했다. 그동안 발생한 것과 요양시설에 모실 때까지 또 상황이 발생하더라도 모두 변상해준다는 말도 덧붙였다.

이렇게 상황이 일단락되는 것처럼 보였지만, 아직 문제가 남아 있었다. 어르신이 어느 생산자 판매대에서 얼마짜리 음식을 가져가시는지 파악해야 했다. 고민 끝에 내가 '어르신 전담 마크'를 맡기로 했다. 다행히 그 당시 외근이나 외부 강연 일정이 거의 없을 때였다. 어르신의 방문 패턴을 살펴보니, 주로 내가 아침 회의에 참석하기 10~20분 전에 매장을 많이 찾고 계셨다. 이후 나는 아침마다 1층 매장에 수첩을 들고 내려가서 어르신을 기다리는 것이 일과가 되었다.

"아이구, 아버님 오늘은 호박빵이 드시고 싶었어요? 오늘은 제가 사드릴 테니까 다음부터는 계산하고 드셔야 해요. 동생분께서 맛난 음식 많이 사드시라고 용돈도 보내주셨잖아요."
"돈? 돈은 나도 많아 이것 봐 이만큼이나 있어. 좀 줄까?"
"아이쿠, 아버님 아니에요. 얼른 넣으세요, 그 돈은 여기 계산대에서 내시면 됩니다. 오늘은 말구요, 제가 사드리고 싶어서 그래요."

어르신의 생은 현금을 하루 단위로 나눠서 형님에게 주고 아침마다 들고 나가시라고 했단다. 그 돈으로 계산을 꼭 하시라고 수십 번을 당부했다고 한다.

이후 용진농협과 어르신 간에 평화가 찾아왔다. 어르신과 친해진 직원들은 먼저 다가가서 오늘은 뭘 드시고 싶으냐고 여쭤보기도 하고, 넘어지지 않도록 부축해 드리기도 했다. 또 이 소식을 들은 생산 농가 중에는 어르신께 드리라며 빵과 떡을 정성스레 포장해서 주기도 했다. 나도 어르신을 챙겨드리고 같이 빵을 먹는 시간이 싫지 않았다. 아니 못내 기다려지기도 했다. 아버지가 살아계신다면 저 연세쯤 되지 않았을까 하는 생각도 들었다.

몇 달 뒤 어르신이 요양시설에 들어가셨다. 자연환경도 좋고 시설도 편리하게 잘 갖춰진 곳이라고 했다. 한결 마음이 놓였지만 매일 같이 아침을 함께 보내던 분이 안 보이니 마음 한구석이 허전하기도 했다. 부디 건강하고 편안하게 여생을 보내시길 바랄 뿐이다.

2_ 고령화된 농촌의 로컬푸드 산업

고령화 사회에 발맞춘 실질적 배려와 지원 등 모색해

사람은 누구나 늙는다. 늙게 되면 몸과 머리는 둔해지고 다른 사람의 도움이 필요해진다. 인간으로 태어난 이상 피할 수 없는 숙명이요, 자연의 섭리다. 그럴 때 공동체는 한 사람의 삶에 어떤 역할을 할 수 있고, 또 어떻게 해야 하는가?

위의 사례에서 보듯이, 나와 용진농협 구성원들은 농촌의 어르신들과 우여곡절을 겪으며 로컬푸드 산업의 역할과 미래에 대해 조금 더 깊이 더 넓게 고민해

볼 계기를 가지게 되었다.

도시에 비해 고령화가 빨라지고 있는 농촌의 문제점을 주의 깊게 봐야 한다. 가끔 뉴스를 통해 접하는 노인들의 고독사 문제는 더 이상 남의 일이 아니다. 늙고 병든 사람들이 고립되지 않도록 다양한 해결책과 대안을 마련해야 한다. 나는 농촌과 로컬푸드 직매장이 그중 한 역할을 맡아야 한다고 생각한다.

내가 늘 강조하는 치유농업과 융복합산업의 미래 역시 소외되는 사람이 없고 마음으로 맞잡은 손을 통해 사람의 온기를 느낄 수 있는 공동체가 되기를 바라고 있다. 그리고 로컬푸드 직매장이 지역경제 활성화의 목표를 달성하고 나면 지역사회의 복지까지 수행할 수 있어야 한다. 대형 쇼핑센터에서 제공해줄 수 없는 따뜻한 관심과 애정, 대화의 공간이 되어야 하는 것이다. 또 고령화 사회에 발맞

이중진 상무가 용진농협 로컬푸드 직매장에서 농산물을 들고 웃어보이고 있다.

농민들은 상품에 가격 등의 스티커를 직접 붙인다.

춘 실질적 배려와 지원 등을 모색해봐야 한다.

앞으로 더욱 발전되고 확대된 형태의 지역 고령인구 지원사업과 정책이 필요하다. 현재도 마을기업과 직거래 매장 내에서 노인들을 채용하고 어르신들의 경제적 자립과 자기계발을 장려하고 다양한 음식과 물품을 지원하고 있지만 아직 부족하다.

현장에서 실제 사례들을 해결해나가다 보면 경험이 쌓이고, 서로 머리를 맞대고 더 좋은 아이디어들을 구상하다 보면 분명히 해답을 찾을 수 있을 것이다. 이제까지 늘 그래왔으니까.

3_ 대구 황 대표 이야기로 본 공정한 경쟁

재작년 가을쯤, 아침에 출근해서 커피를 마시며 메일함을 뒤져보는데 낯선 이름과 주소의 편지가 한 통 와 있었다. 내용은 단 10분 만이라도 좋으니 나를 만나서 로컬푸드 직매장 운영 노하우에 관해 조언을 듣고 싶다는 것이었다. 그는 대구에서 민간 로컬푸드 직매장을 공동 운영 중인 경영자 중 한 사람이었다.

나는 지난 몇 년 동안 수많은 외부 강연과 언론 인터뷰 일정을 소화해왔고, 또 용진농협 로컬푸드 직매장을 벤치마킹하러 찾아오는 수많은 방문객에게 운영 체계와 출하 교육 방식 등을 설명해왔다. 우리의 성과를 보여줄 기회는 자랑스럽고 뿌듯한 일이기 때문이다.

또 전국 각지에서 농촌 살리기와 지역경제 활성화의 바람이 일어나는 것은 반갑고 바라던 일이기도 했다. 그 중심에 완주군과 용진농협이 우뚝 서 있고 우리에게 노하우를 전수해달라고 찾아오는 이들이 이렇게 많다니 어찌 기쁜 일이 아니겠는가?

다만 언젠가부터 완급 조절을 좀 해야겠다는 생각이 들었다. 내가 너무 밖으로 돌아다니는 것은 아닌가? 어느새 관심을 즐기고 있는 것이 아닌가? 이러다가는 요즘 말로 '연예인병' 비슷한 게 걸리지는 않을까? 하는 생각들이 퍼뜩 들어서 스스로 좀 자제하는 게 좋겠다고 마음먹은 것이다. 또 당연한 얘기지만 우리 용진농협 로컬푸드 직매장의 지난 10년간의 성과는 지역 생산 농가와 소비자들 그리고 우리 농협 임직원들의 노력과 열정이 모여서 이루어낸 것이다.

때문에 내가 유독 주목받는 것도 옳지 않다. 그래서 꼭 필요한 일이 아니면 외부 손님과 약속은 되도록 피했다. 그 대신 농협 직원들, 그리고 생산자와 소비자들과 더 많은 시간을 보내려고 생각하고 있던 차였다.

그런데 이분의 편지를 읽어보니 그냥 지나칠 수가 없었다. 차로 운전하여 3시간 가까이 걸리는 대구에서 완주까지 나를 잠깐 만나러 오시겠다는 것도 쉽지 않은 일이지만, 자신들이 운영 중인 로컬푸드 매장의 경영 상태와 특징, 생산자 정보, 출하 품목들을 꼼꼼히 파악하고 적어 보내신 정성이 대단했다. 절로 호기심이 생겨서 이분을 만나고 싶다는 생각으로 이어졌다.

농협에서 직접 운영하지 않는 민간의 로컬푸드 직매장들은 사실 운영 상태가 썩 만족스럽지 않은 곳들도 많다. 하지만 편지를 보니 대구의 이곳은 뭔가 다를 것 같았다. 누가 일번지고 선두주자고 하는 것을 떠나 지역공동체와 경제 살리기에 애정을 가진 사람끼리 만나 진심을 나누며 차 한잔하며 대화를 나누면 좋을 것 같았다. 아무리 바쁠 때라도 좋은 사람을 만나는 일은 항상 반가운 법이니까.

이분을 편의상 황 대표라 칭하겠다. 황 대표는 1층의 로컬푸드 직매장과 2층의 하나로마트 견학까지 끝낸 후 1층 직매장 옆의 도농상생센터 카페에서 대추차를 마시며 대화를 나눴다. 예상대로 황 대표가 운영하고 있는 대구의 직매장은 내가 뭐라고 크게 보탤 말 없이 아주 잘 운영되고 있었다. 나름대로 출하 농가와 품목 선별 기준도 잘 잡혀 있었고 판매 상품도 다양했다. 사진과 영상을 통해 본 진열 상태와 소비자 동선, 계산대의 위치 등도 깔끔하고 편리했다.

공정한 경쟁이 제품의 품질을 결정한다

뜨겁고 진한 대추차를 한입 삼킨 황 대표가 어렵게 말문을 열었다. 문제는 생산자들의 가격 담합이었다.

"언제부턴가 채소 출하 농가들이 가격을 맞춰 내놓기 시작했어요. 앞으로 한 달 동안은 상추 한 봉에 천 오백 원, 깻잎은 천원. 이런 식으로요. 몇몇 생산 농가가 따로 약속하고 말을 맞춘 것 같더라고요"

가격을 터무니없이 비싸거나 싸게 책정한 것은 아니었다. 가격 담합의 문제는 가격 그 자체에 있지 않다. 다만 상품 품질과 연관이 되기 때문에 문제가 되었다. 같은 가격에 물건을 팔 것이라면 생산자 입장에서 무리하게 혁신적인 농법이나 품질 개선 기술을 연구할 필요가 없게 된다. 그저 크게 모나지 않고, 출하에 이상 없을 정도로만 상품의 질과 구성을 맞춰서 내놓는 것이 편해지기 시작한다.

채소 몇 종류에서 시작된 가격 담합 현상이 매장 전체로 퍼져나가면 어느새 그 매장은 '평균'을 벗어나지 못하는 제품들로 가득 차게 된다. 일반적인 대형 공산품 판매 매장과 다를 바 없어지는 것이다. 그다음 문제는 누군가 작은 욕심을 부리기 시작하여 상품 가격을 조금씩 올린다면, 다른 생산자들도 이를 따라 할 것이고 상승한 가격으로 다시 '담합'이 이뤄진다는 점이었다. 그렇게 된다면 그 직매장의 경쟁력은 완전히 사라지게 된다. 제품 품질은 그저 그런데 가격은 대형마트보다 비싼 매장에 누가 장을 보러 가겠는가? 결국 시장에서 도태되어 버리는 것이다.

황 대표도 당장의 매출보다 혹여 앞으로 벌어질 수 있는 일련의 악순환 과정들을 걱정하고 있었다.

"상무님, 무슨 좋은 방법 없겠습니까? 여기서 가격 관리가 되질 않으면 앞으로 무슨 일이 벌어질지 제일 잘 아시잖습니까? 그게 걱정입니다. 그렇다고 우리 매장 측에서 가격을 인위적으로 조정해버리면 그건 로컬푸드 사업 취지와 맞지 않고, 우리 생산자들도 거부감을 느끼게 될 겁니다. 방법이 있으면 말씀 좀 해주십시오."

가격 담합은 우수한 제품의 질마저 떨어뜨리는 원인이 된다

열정과 절박함이 묻어나오는 황 대표의 눈빛을 바라보며, 나는 몇 년 전의 일이 떠올랐다. 다행히 황 대표께서 여기까지 찾아온 보람이 있었다. 우리도 똑같은 문제를 겪었고, 해결한 적이 있으니까.

2014년쯤의 일로 기억한다. 2013년 한 해 동안 용진농협 로컬푸드 직매장의 방문객 수가 늘어나고 매출액도 비약적인 성장을 기록하면서 완주지역 인근 농가들 사이에서는 용진농협에 출하해야 돈을 번다는 말이 나돌기 시작했고, 출하를 준비하는 교육생도 증가했다. 그러나 동전에 양면이 있듯이 모든 일엔 빛과 어둠이 있는 법, 조금씩 문제가 발생하기 시작했다.

황 대표의 사례와 마찬가지로 가격 담합 현상이 벌어지기 시작한 것이다. 품목 역시 마찬가지였다. 상추와 깻잎, 고추 등의 채소 농가들이 제일 먼저 가격을 맞췄다. 비밀회동을 가진 뒤 용량과 가격을 동일하게 맞추기로 한 것이다. 어느 순간 쌈 채소와 적상추의 가격을 150g에 1천5백 원으로 모든 출하 농가가 똑같은 가격으로 판매하기 시작했다. 포장 용량이나 용기까지 통일되어 갔다. 생산자들에게 약간의 배신감도 느꼈고, 어떻게 해결할 것인가 고민도 많았다.

'소비자들은 바보가 아니라서 좋은 상품에 몇백 원 더 지불하는 것을 아

까워하지 않는데. 왜 스스로 좋은 기회를 마다하고 남들과 똑같아지려고 하는 걸까?'

해결책을 이리저리 궁리하면서 일단 열흘 정도 가만히 지켜보았다. 그러다 나와 친한 생산자 한 분이 영업이 끝났는데도 늦게까지 매장에 남아 고민하는 모습을 발견했다. 나는 모른 척 주변을 걷다가 슬며시 다가가 물어보았다.

"형님, 저녁 안 드세요? 아직 안 들어가시고 뭐 하세요?"

아니나 다를까. 그 형님은 가격 담합 조직에서 이탈을 고민하고 있었다. 유기농 채소 생산자로서 다른 농가들보다 품질이 우수하다고 자부하고 있었지만, 자신과 아내의 인건비, 자연 비료 투자 비용 등을 생각하면 현재 담합된 가격으로는 이윤이 거의 남지 않는 상황이라고 했다. 하지만 여기서 자신만 가격을 올리면 과연 제품이 팔릴 것인지, 또 평생을 한 동네에서 함께 농사지으며 살아온 이웃들과의 관계는 어떻게 될 것인지 걱정하고 있었다. 나는 고개를 끄덕이며 형님의 말씀을 듣다가 슬쩍 미소를 지으며 말했다.

"형님, 딱 한 달만 제 얘기대로 한 번 해보시겠습니까?"

내 제안은 이랬다. 상추를 세 종류로 나눠서 판매하되, 수분 함량과 크기 등 가장 우수한 품질의 상추는 2천 원, 그다음 평균적인 품질의 상품은 다른 생산자들과 똑같이 1천5백 원, 먹는 데는 지장이 없지만 크기가 좀 작거나 모양이 못생긴 이른바 B급 상품의 상추는 1천 원으로 정한 것이다. 형님은 반신반의하면서도 일단 한 번 해보겠다며 고개를 끄덕이고 집으로 돌아갔다.

결과는 대성공이었다. 한 달까지 갈 것도 없었다. 당장 며칠이 지나자 채소를 구매하러 온 소비자들은 모두 형님의 판매대로 몰리기 시작했다. 작은 동네다 보니 금방 입소문이 난 것이다.

"아주 크고 싱싱한 상추를 파는 사람이 있는데, 가격은 500원이 더 비싼데 정말 달고 맛있더라."

"거짓말 조금 보태서 고기를 싸 먹었더니 상추가 고기보다 맛있더라."

"그 생산자는 일반 상추는 남들보다 500원이나 싸게 팔더라." 등등

소비자들의 반응이 뜨거웠다. 그렇게 2~3주가 지나자 가격 담합행위는 싹 사라졌다. 생산자들은 모두 자신만의 특화상품 구성을 연구하고 만들어서 가격 경쟁력을 갖추기 시작했다.

내 설명을 가만히 듣던 황 대표는 "아!" 얼굴 가득 미소를 지으며 감탄했다. 실마리를 찾은 것처럼 보였다. 나는 그런 황 대표에게 물었다.

"근데 대표님, 세 종류 중 어느 상추가 가장 많이 팔렸을까요? 맞춰보시겠어요."

소비자는 질 좋은 제품에 돈을 아까워하지 않는다

정답은 2천 원짜리. 이른바 '프리미엄 상추'였다. 상품의 질이 우수할 뿐만 아니라 포장도 다른 제품들보다 조금 더 세련되게 신경을 쓴 결과다. 딱 봐도 다른 것이 확실하게 느껴지는데 가격 차이는 500원밖에 나지 않았다는 게 소비자들의 평가였다.

로컬푸드 직매장은 생산자 입장에서 '당일 생산, 당일 유통'을 하지만, 소비자

입장에서는 '당일 소비, 당일 식사'를 염두에 두고 오는 장소다. 그날 먹을 신선한 먹거리를 사러 오는 것이다. 때문에 상품만 좋다면야 500원 차이쯤은 별로 아까워하지 않는다. 그 형님의 상추 중 판매 2위는 1천 원짜리 상추였다. 좋은 물건이 없다면 품질 대비 저렴한 상품은 언제나 잘 팔리는 것을 보여준 것이다.

4_ 상생의 장터 로컬푸드 직매장

로컬푸드 직매장을 성공으로 이끄는 '상생의 공식'

로컬푸드 직매장은 지역경제 활성화와 지역 내 고용 창출을 통한 사회적 경제 기관을 지향한다. 신선한 농산물을 생산하는 소농들에게 유통경로를 확보해주고, 소비자에게는 양질의 상품을 합리적으로 구입할 기회를 제공하는 것이다. 그것이 바로 로컬푸드 사업의 핵심 가치다.

사람이 모이고 그로 인해 생긴 다양한 일들로 인해 돈이 오가게 된다. 따라서 앞선 사례들과 마찬가지로 오해와 갈등이 생길 수밖에 없다. 아니, 생기지 않으면 그게 더 이상한 일이다. 갈등과 오해를 해소하기 위해서는 서로의 이익과 감정을 최대한 배려할 수 있는 '상생의 공식'을 발견하고 실천해야 한다.

적당한 선의의 경쟁 통한 제품 품질 향상 유도가 경쟁력

용진농협 로컬푸드 직매장은 상품을 출하할 때 반드시 한 품목당 두 명에서 세 명 사이의 복수 생산자들과 계약한다. 독점의 폐해를 막고 소비자들에게 선택의 권리를 주기 위해서다. 또 선의의 경쟁을 통한 제품 품질 향상을 유도하려

양질의 상품을 합리적으로 구매할 수 있는 로컬푸드 직매장

는 이유도 있다.

그러나 동시에 한 품목당 세 명 이상의 생산자를 받지 않는다. 경쟁의 과열화를 막기 위함이다. 물론 많은 생산자가 한 품목에 출하한다면 상품 가격이 낮아질 가능성이 크고 소비자들의 선택폭은 더 다양해질 것이다. 그리고 용진농협과 조합의 매출액도 늘어나게 된다.

그러나 로컬푸드 사업의 취지는 어디까지나 소비자와 생산자의 상생을 통한 지역경제 활성화와 선순환 구조 확립이다. 무한경쟁 시장 논리를 적용해서는 안 된다고 판단했기에 내린 결정이다. 우리는 농축산물과 가공식품의 품목을 최대한 다양화함과 동시에 소량 소포장 판매를 원칙으로 하고 있다. '당일 생산, 당일 유통', 매일 농산물을 내다 팔 수 있는 장터라고 생각하면 된다.

이렇게 체계가 꼼꼼하게 구축되었다고 해도 문제가 없는 건 아니다. 매일 일어나는 크고 작은 일상다반사에 대해 운영기관과 생산자와 소비자 삼자 모두가 소

'당일 생산, 당일 유통' 로컬푸드 직매장은 물건이 금 새 팔려 없어질 정도로 소비자들에게 큰 인기를 얻고 있다.

통과 경청을 통해 만족할 수 있는 해결책을 찾아야 한다. 때론 얼굴을 붉힐 때도 있을 것이고 믿는 사람에게 실망하는 순간도 있을 것이다. 반면 뜻밖의 감사와 큰 감동을 선물 받는 날도 있을 것이다. 매 순간들이 직거래 장터의 재미고 사람 사는 세상의 묘미 아니겠는가!

지역의 미래 책임지는 로컬푸드

02

용진농협으로부터 시작, 전국으로 확산되는 로컬푸드

1_ 매출액 130억원의 신화를 이룬 봉동농협 로컬푸드의 비결

2013년 초, 초, 완주군 봉동농협은 전라북도에서 두 번째로 로컬푸드 직매장을 시작했다. 당시 공판장을 통해 나온 완주군의 농산물들은 하루, 이틀이면 팔지 못할 정도로 상태가 나빠졌다. 농산물 판매에 있어서 문제가 심각하다고 생각했지만, 농협들이 쉽사리 로컬푸드 직매장을 시도하지 않았던 때였다. 생산자와 소비자와 농협 모두 불만족스러운 상황을 계속 지켜볼 수만 없어서 용진농협의 로컬푸드 직매장을 벤치마킹하기로 한 것이다.

1층 하나로마트를 리모델링한 후 봉동농협 로컬푸드 직매장의 문을 열었다. 우선 1층 총 240평 중 반절은 로컬푸드 직매장으로, 또 다른 반절은 기존의 하나로마트로 매장을 구성했다. 또 유기농, 무농약, GAP 등 우수한 농산물과 다양한 품목의 농산물을 공급하기 위해 재배 교육과 기술 보급, 전문인력 양성 등 개선에 힘썼다.

새로운 시장 트랜드 변화에 맞춰 농산물의 상품화 과정에서 포장 디자인을 업

봉동농협 로컬푸드 직매장 전경

그레이드시키는 등 농업인들의 새로운 도전과 노력이 더해져 봉동농협 로컬푸드 직매장은 발전하기 시작했다. 그 결과 3만 인구 도시 봉동읍의 로컬푸드 직매장은 오픈 2년 차에 연 매출 100억을 달성하였고, 오픈 8년이 지난 현재 채소 매출은 442%, 과일은 316%, 축산은 234% 상승했고, 2021년 전체 매출액 130억 원에 이르게 되었다.

1인가구, 합리적 소비성향 신세대 등 유통시장 변화에 대응해

봉동농협 로컬푸드 직매장은 '당일 출하, 당일 소비'의 유통 원칙을 철저히 지키며 신선한 농산물을 공급하기 위해 노력하고 있다. 또 2022년에는 연면적 1,000평 규모의 본점 청사를 신축, 로컬푸드 매장 확충을 계획하고 있어 지역 농업인들의 높은 관심을 받고 있다.

1인 가구의 증가, 식품에서 건강과 효능 등 합리적 소비를 중시하는 신세대에 맞춰 유통시장도 변화해야 한다. 또 지역 관광, 체험을 다녀가는 내외국인의 기호와 쇼핑 패턴에 대응하고자 저탄소 농산물 공급과 건강기능 가공품을 확대할

봉동농협 로컬푸드 직매장 내부의 모습

예정이다. 그리고 지속적인 특별행사도 열어 소비자들의 건강까지 생각한 슈퍼푸드 코너를 준비 중이다.

봉동농협 김운회 조합장은 "로컬푸드 매장 운영으로 중·소 농업인들의 안정적인 소득 기반이 마련되고, 지역경제 활성화에도 많은 보탬이 되고 있다."며, 특히 "소규모 농업인들의 얼굴 있는 먹거리 참여가 이어지고 있어 안심 농산물 인증제가 빠르게 안착할 수 있도록 지원할 계획"이라고 말했다.

봉동농협 로컬푸드 직매장은 용진농협에서 시작하여 전국 농협으로 확산되는 시너지 효과의 가장 모범적인 사례가 되고 있다. 농민을 위한 농협의 역할을 실현하는 것이 로컬푸드 직매장이라며, 생산자의 생계 기반을 확실하게 확보하고 소비자도 만족시킬 수 있는 선순환 시스템이 전국적으로 정착되길 바란다고 덧붙였다. 또 농협 직원이라면 농협의 역할이 뭔지 제대로 알고 농민의 소리에 귀 기울여야 한다고 봉동농협은 강조한다.

2_ 16개소 운영하는 일산농협 로컬푸드 직매장

꽃과 호수의 도시 고양특례시. 108만 인구가 살고 있는 고양시는 경기도에서 두 번째로 인구가 많은 도시로 외곽지역에 농촌마을이 자리잡고 있는 도농복합지역이다. 이곳에서도 로컬푸드의 바람이 불고 있다. 2014년 풍산점을 시작으로 일산농협 직영 로컬푸드 직매장은 16개소에 이른다.

건강하고 신선한 먹거리를 원하는 도시의 소비자들과 새로운 판로를 찾는 생산 농가들의 수요가 일치했다는 점이 일산농협 직매장의 첫 번째 성공 비결이다. 타지역의 로컬푸드 직매장들과는 색다른 운영방식을 적용하여 연령과 성별에 구애받지 않는 폭넓은 고객층을 확보하였다.

무인매장, 숍인숍 형태로 로컬푸드 접근성 높여

현재 일산농협 산하의 로컬푸드 매장은 16곳이다. 그중 단독 직매장은 3곳이고, 무인매장으로 운영되는 곳이 4개소, 숍인숍(가게 속의 가게라는 뜻으로, 농협이나 하나로마트 매장 내에 로컬푸드 직매장 코너를 운영하는 형태) 형태로 운영되는 매장이 9개 점포이다. 무인매장으로 운영되는 점포들이 특히 소비자들에게 좋은 반응을 얻고 있다.

무인매장은 일산농협 관내의 로컬푸드 직매장을 쉽게 찾아갈 수 없는 소비자를 위해 건강한 식재료를 제공한다는 취지로 시작되었다. 그 결과 로컬푸드 직매

일산농협 로컬푸드 직매장의 자랑인 무인매장

장의 거래 방식에 익숙하지 않은 고객들에게도 접근성을 크게 높여주었다. 특히 코로나-19 상황이 장기화하며 사람이 많이 몰리는 점포에서 대면 거래를 꺼리던 소비자들의 요구에 안성맞춤이었다.

반찬가게, 즉석 두부 제조 등 특화상품으로 소비자 발길 붙잡아

일산농협 풍산점(이하 풍산점)은 2014년 5월에 개장한 로컬푸드 직매장 1호점이다. 일산동구 인근 약 3000세대의 로컬푸드 쇼핑을 책임지고 있는 이곳의 1일 평균 소비자 수는 1천 명을 돌파했다. 일산농협의 로컬푸드 매장 1호점인 풍산점이 성공적으로 안착했기에 지역 주민들에게 로컬푸드 직거래가 주는 다양한 장점들이 친숙하게 다가갈 수 있었고, 긍정적 인식의 확대는 매출 증가로 이어졌다. 이후 일산농협 관할 다른 로컬푸드 매장 점포들이 연이어 출점할 수 있는 큰 자산이 돼주었다.

풍산점의 성공 배경에는 특화된 운영전략과 꼼꼼하고 치밀한 품질 체크가 있었다. 우선 남다른 운영전략을 살펴보자. 풍산점에서는 로컬푸드 재료를 활용한 반찬가게를 운영하고 있다. 또 장애인 복지재단에서 운영하는 농산물 및 가공식품을 판매하고 있는데, 특히 즉석 두부 제조 가공시설을 갖추고 있는 것이 특징이다. 파주 장단콩을 활용해서 만든 손두부가 대표적인 특화 가공식품으로 소비자들에게 높은 인기를 누리고 있다.

로컬푸드의 품질과 신선도 검사 역시 다양한 기관에서 꾸준히 이뤄지고 있다. 농협중앙회를 비롯해 국립농산물품질관리원에서도 로컬푸드의 품질을 체크하고 있다. 기준에 못 미치는 경우 1회 적발 시 6개월 동안 해당 농가에서는 어떤 품목도 내놓을 수 없으며, 2회 적발 시에는 영구 출하 정지된다. 생산자 이력 라벨링 역시 소비자들의 신뢰도를 높이는데 크게 기여하였다.

풍산점 관계자는 "제품에 부착된 생산자 이력 라벨은 소비자들이 로컬푸드 농산물을 믿고 먹을 수 있게 해준다."고 말했다. 생산자 이력 라벨을 보고 소비자가 생산자에게 전화해서 직접 주문하는 경우도 많다. 또 미리 생산자와 연락해서 주문하고, 상품을 픽업해가는 생산자-소비자 간의 새로운 방식도 운영되고 있다.

복지재단 농산물 판매, 사회적경제 공동체 역할 수행

2015년 5월에 오픈한 일산농협 로컬푸드 직매장 일산점(이하 일산점) 또한 성공적인 운영을 이어나가고 있다. 인근 주택가의 직장인과 주부들의 건강 식재료 장터로 자리 잡은 일산점은 신선한 로컬푸드 재료를 활용한 반찬가게를 운영하고 있다. 품질 좋은 원재료를 정성껏 조리하여 맛과 영양이 풍부한 반찬으로 내놓으니 남녀노소 누구나 인기가 좋다.

일산점에서는 홀트아동복지재단, 장터사회적기업 등 복지재단에서 생산되고 운영하는 농산물 및 가공식품들도 판매하며 사회적경제 공동체 역할도 수행하고 있다.

또 로컬푸드 상품들의 진열 및 관리에도 특별히 신경을 쓰고 있다. 일산점에서는 안정적인 식품 관리를 위해 상품이 부족할 경우에는 농협 하나로유통에서 상품을 공급받아 수급 조절을 한다. 또 농협 하나로마트의 상품은 로컬푸드 매대에 두지 않고 또 다른 매대에 따로 진열하여 구분한다.

일산점에서는 운영하는 카페 '마실거리'는 지점의 특화 코너로 소비자들에게 인기가 높다. 로컬푸드 과일을 활용하여 즉석에서 음료를 제조해서 판매하는 점이 특징으로 신선도와 당도 높은 생과일 음료들을 맛보려는 방문객들의 발길이 끊이지 않고 있다.

사회적경제 공동체가 된 일산농협 로컬푸드 직매장

3_ 경상권 로컬푸드 산업의 선두주자, 천북농협 로컬푸드 직매장

2017년 7월 신라의 천년고도 경주에 경상권에서는 처음으로 천북농협 로컬푸드 직매장이 오픈했다. 당시만 해도 아직 경상권에선 로컬푸드 매장에 대한 수요와 관심이 높지 않았을 때였다. 천북농협은 '농가의 실질적 수익 증대'를 위해서는 소비자와 생산자 간 농산물 직거래가 가능한 로컬푸드 직매장이 필요하다고 판단했다.

현재는 경주를 넘어 경남·북 로컬푸드 매출 전체 1위를 달리는 천북농협 로컬푸드 직매장은 로컬푸드 불모지였던 경상권에 바람을 일으킨 주역이다. 그 중심엔 로컬푸드 사업을 반드시 활성화시켜 지역경제에 활력을 불어넣겠다는 천북농협의 의지가 있었다. 지리적으로는 부산, 경주, 울산, 포항을 이어주고, 교통량이 많은 7번 국도 옆에 위치해 있다는 장점이 있다.

천북농협 로컬푸드 직매장 내부

천북농협 관계자는 "설립 당시 로컬푸드 매장에 대한 회의적인 시선이 많았지만, 우리는 로컬푸드가 농업인 실익 증대를 위해 꼭 필요하다고 봤다."며 "로컬푸드의 최대 장점이 '제철 식품'이라고 판단, 포도·딸기 데이 등 제철 농산물 행사를 진행하며 고객들을 유치했다"고 밝혔다.

농산물 수확을 체험하게 하거나 한과·와인 등 가공품 만들기 등 소비자 체험 행사로 생산자와 소비자 간 교류를 확대했다. 또 숍인숍 형태의 매장을 로컬푸드 중심으로 운영하고 있다.

로컬푸드 비중 65% 이상, 매출 성장세 주도

천북농협 로컬푸드 직매장은 지속적인 성장을 이루고 있다. 872만여 원이었던 2017년 1일 평균 매출이 2018년엔 1천만여 원, 2019년엔 1천651만여 원, 2020년 들어서는 2천352만여 원으로 올랐다. 같은 기간 1일 평균 고객 수도 403명, 508명, 739명, 902명 등 지속해서 늘어나고 있다.

매출액 중 로컬푸드가 차지하는 비중이 올해 기준 65.7%에 이르는 등 매출 성장세를 주도하고 있다. 품질과 위생관리 또한 우수한 매장으로 자타공인 정평

천북농협 로컬푸드 직매장 전경과 매대

이 나 있다. 2020년에는 농림축산식품부 우수 직거래 인증 매장으로 선정되었으며, 농축산물 위생 안전관리 부문에서 농식품부 장관상을 받기도 했다.

천북농협 직매장을 즐겨 찾는 한 주부 소비자는 "천북농협 주부대학에 다니며 천북농협에서 로컬푸드 직매장을 만든다는 것을 알게 됐다."며 "당일 수확한 농산물이 올라와 신선한 데다 가격이 저렴하니 주부로서 만족도가 높고, 동네 친구들에게도 적극적으로 추천해 같이 장을 본다."고 말했다.

천북농협 로컬푸드 직매장은 '농업인 실익 증대'라는 출범 당시의 목표대로 철저히 농업인이 주인인 매장으로 운영하고 있다. 양한 농업인 우대 사업을 진행하고 있고, 이 사업들이 고스란히 로컬푸드 직매장 성과로 연결되고 있다.

대표적인 사업으로는 '채소종자 환원사업'이 있다. 채소종자 환원사업은 농협 교육지원 사업비를 활용하여 농가들에 다양한 종자를 무상으로 공급하는 사업이다. 사업에 해당하는 채소 품목만 47개에 달한다.

또 경주시, 농협중앙회 등과 협업하여 하우스 설치 지원사업도 운영하고 있다. 이를 통해 많은 농가가 겨울철에도 싱싱한 농산물을 재배하여 직매장에 출하하고 있다. 이렇듯 천북농협에서 운영하는 특화사업들은 로컬푸드 직매장에 다양한 상품 진열, 연중 출하 시스템 정착 등 더욱 체계화, 전문화하는데 큰 역할을 하고 있다.

2019년 말 천북농협과 출하 약정 맺은 농업인 400명 돌파

천북농협 로컬푸드 직매장은 출하 농가들에 대해 식품 신선도와 안전성에 대한 교육 역시 철저히 시행하고 있다. 출하자 교육을 통해 질좋은 농산물이 출하되고, 이로 인해 로컬푸드 직매장 발전으로 연결되고 있다.

천북농협과 출하 약정을 맺은 농업인 수는 2019년 말에 400명을 돌파했다. 로컬푸드 직매장 개장 후 불과 2년여 만에 달성한 성과였다. 지역 농협과 생산 농가, 믿고 제품을 구매해주는 소비자들의 삼박자가 맞아떨어졌기에 가능한 일이다.

출하 농가가 늘어날수록 판매 제품의 종류도 다양해지고 질도 높아지는 것은 당연한 일이다. 자연스레 소비자들은 농산물 구매를 할 때 천북농협 로컬푸드 직매장을 먼저 떠올리고 더 자주 찾게 된다. 이곳에서는 이미 지역경제 활성화의 선순환 구조가 뿌리내린 것이다. 안정적인 판로를 확보한 상태에서 날이 갈수록 수익이 늘어가는 출하 농가들의 반응 역시 만족스럽다.

4년 전 귀농한 생산자는 "부산에서 학원을 하다 4년 전 귀농해 아로니아 농사를 지었고, 이제는 채소까지 품목을 넓혔다. 천북농협이 하우스시설 지원사업, 퇴비 공급사업 등 다양한 농가 우대사업을 지원해 가능했던 일"이라며 "앞으로 하우스 2동을 더 지어 오이, 부추 농사에도 도전할 계획인데, 이 역시 천북농협 로컬푸드 직매장이 있기에 가능한 일"이라고 전했다.

로컬카페와 식당에서 농가 부수입원 만들어내

천북농협 로컬푸드 직매장 2층엔 현재 공사가 한창이다. 이곳엔 식당이 들어설 예정이다. 또 1층 직매장엔 로컬카페도 운영되고 있다. 이 식당과 카페 운영도 농가들에 혜택을 주기 위해 시도하고 있다.

천북농협 관계자는 "거의 모든 물량을 당일 판매하지만 그렇지 못하는 물량도 있다. 이들 물량은 현재 기부를 하고 있는데 앞으로는 기부 이외에도 2층 식당에 식자재로 공급해 농가 수익에 조금이라도 더 보탬을 주려고 한다"며 "현재 운영하는 로컬카페에서도 흠집이 나거나 약간 무른 과일 등 직접 판매가 힘든 상품들을 활용해 생과일주스를 만들어 판매하는 등 농가의 또 다른 부수입원을 만들어내고 있다."고 설명했다.

이 관계자는 "로컬푸드 직매장의 존재 이유는 설립 당시부터 앞으로도 계속해서 농업인 실익 증진"이라며 "정부에서 우수 농산물 직거래사업장 인증을 받은 것도 그러한 노력의 결과라고 본다. 앞으로도 농업인과 소통하며 경상권을 넘어 대한민국 대표 로컬푸드 직매장으로 성장해 나가겠다."고 강조했다.

농촌관광 거점 역할하는 로컬푸드 직매장

1_ 도시와 농촌 이어주고 지역민의 문화공간, 도농상생센터

2012년 말, 전북도지사의 시군순회가 있었다. 도지사 시군순회는 말 그대로 도지사가 관내의 시와 군을 돌면서 경제, 문화, 관광, 교육 등 분야별 실무자와 이용객들에게 현장 보고를 받는 일이다. 당시 완주군을 순회 중이던 도지사님이 우리 용진농협을 방문하셨는데, 1층의 로컬푸드 직매장을 둘러보고 운영 현황과 성과에 대한 전반적 브리핑을 경청하셨다.

당시 로컬푸드 매장이 개장된 지 9개월이 채 되지 않았을 때였는데 방문객이 많고 높은 매출 성과를 올리는 것을 보고 칭찬과 격려를 아끼지 않으셨다. 특히 지역의 영세 농민들에게 안정적인 판로가 개척된 점과 지역의 농산물을 소비자와 생산자 간 직거래할 수 있는 장터를 용진농협 주도로 추진되었다는 점을 높이 평가해주셨다. 앞으로도 계속 애써달라는 격려와 함께 운영에 애로사항과 지원받고 싶은 부분이 있으면 얘기해달라는 말씀을 덧붙이셨다.

보통 이런 상황에서는 "아닙니다. 감사합니다. 수고하셨습니다. 살펴 가십시오." 인사하고 상황이 종료되기 마련인데, 용기 내어 손을 들었다.

> "도지사님, 도농상생센터 건립을 지원해주십시오."
> "도농… 상생센터요? 이름이 조금 어려워서 허허. 조금 더 자세히 말씀해주시겠어요?"

도농상생센터는 말 그대로 도시와 농촌이 상생하는 역할을 하는 곳이다. 다시 말해 도시 소비자와 농촌 생산자 간의 다양한 교류를 하고, 더 나아가 지역민들의 공동체, 사랑방, 문화공간 역할도 한다. 또 농산물을 음료와 다과 등 가공상품으로 개발하여 2차 수익을 올리는 작업장이 되기도 한다.

농촌 6차융복합사업의 시작 도농상생센터

처음 로컬푸드 직거래 사업을 추진할 때부터 우리는 이 사업이 단순한 먹거리 장터에서 그치면 안 된다고 생각했다. 특히 젊은이들이 나고 자란 곳에서 정착하고, 도시로 나갔던 사람들이 귀농하게 하려면 다양한 형태의 문화, 소비, 교류 공간이 필요하다고 생각했다. 농촌에서 삶을 이끌어나가는 데에 따른 실용적인 정보와 함께 농산물 가공식품 판매로 수익도 올리고 지역민들의 고용 창출과 인간적인 정을 주고받는 공간. 이른바 농촌 6차 융복합사업에 대한 구상이다. 그 시작이 바로 도농상생센터였다.

현재는 완주군과 용진농협의 또 하나의 명소가 되고 경제적 이익을 높이고 있는 도농상생센터지만, 처음부터 환영받으며 세워진 건 아니다. 오히려 천덕꾸러기 취급을 받았다. 심지어 용진농협 내부에서도 반대하는 임직원들이 많았다.

"아니, 무슨 또 엉뚱한 짓을 벌이려 그래! 이런 시골 농촌에 무슨 카페를 짓겠다고 그러냐고? 그냥 차 타고 전주 나가서 스타벅스나 가면 됐지."
"짓기만 하면 다 되는 게 아니고 운영하는데 못해도 수억은 깨질 텐데 망하면 뒷감당을 어떡하려고?"
"그냥 2층에 있는 하나로마트를 1층으로 내려보내는 것이 제일 안전하게 용진농협 매출 늘리는 길이야!"

하지만 우리는 이번에도 고집을 꺾지 않았다.

"아니, 하나로마트에서 파는 시중 공산품을 팔아서 매출 늘리는 것이 우리 로컬푸드 사업이나 지역 농협의 정체성이 아니지 않습니까? 처음 직매장 시작할 때도 다들 우려하고 의심했지만 결국 지금 이만큼이나 잘 되고 있지 않습니까? 지역 농민들이 지속적으로 수익 창출할 수 있는 길을 열어줘야죠. 그리고 우리 동네 사람들이 모여서 함께 교류할 수 있는 분위기 좋은 공간 하나쯤은 있어야 하지 않겠습니까?"

5억원 투자해 2013년 11월 '완주 로컬푸드 도농상생센터' 개장

그 결과, 전라북도는 수많은 반대에도 불구하고 임정엽 군수님과 우리의 의지를 믿고 예산을 확보해주셨다. 도농상생센터 건립에 공사비로 5억 원이 투자되었는데 도비 1억2천5백, 군비 1억2천5백, 용진농협 2억5천만 원의 예산을 집행하였다. 도지사 순회 때의 우리 요청을 잊지 않고 실행해준 것이다.

1년여의 준비 끝에 2013년 11월 22일 '완주 로컬푸드 도농상생센터'를 개장할 수 있었다. 당시 개장식에는 임정엽 전 완주군수님, 박웅배 군의회 의장님, 박성

일 전북도 행정부지사님, 현 완주 군수님 등 고위 관료부터 농민, 마을 주민들까지 모두 1천여 분이 방문하여 자리를 빛내주었다.

노래와 댄스 등 기념공연과 내빈들의 축사에 이어 열띤 환호 속에서 테이프 컷팅을 하는 순간 눈에서는 눈물이 글썽거렸다. 로컬푸드 직매장 시작부터 도농상생센터 건립까지 지난 3년 동안 지나온 수많은 우여곡절이 떠오르고, 하나씩 이뤄내고 있는 현실에 벅찬 감격이 뒤섞여 올랐다. 꿈이 현실이 된다는 말이 이런 뜻일까? 하지만 결코 현재의 성과에 안주해서는 안 된다. 이제 겨우 본격적인 시작을 위한 발판이 마련되었을 뿐이다.

지인 입소문 홍보와 소비자 체험행사 등으로 활성화시켜

위풍당당하게 시작한 도농상생센터 사업이었지만 초기에는 하루 평균 방문객이 다섯 명에서 열 명 내외였다. 주력 상품인 대추차나 생강차 등이 한 잔에 3천 원에서 4천 원 정도여서 하루 매출을 계산할 때는 민망할 지경이었다. 결국 주변 친구들을 이곳으로 불러 모았다. 고향에서 함께 자라 연배가 비슷한 이들은 직장이나 지역에서 간부급 위치고, 사업을 하면서 안정적인 기반을 이룬 친구들도 꽤 있다.

"이제부터 너는 물론이고 가족, 친구, 직원들 아침 식사랑 디저트는 여기서 해결하는 거야 알겠지? 커피보다 몸에도 훨씬 좋아!"
"대추차, 생강차가 건강에 얼마나 좋은지 알잖아. 우리가 파는 건 진짜배기 완주 농산물을 팍팍 넣어서 만드는 거야. 어릴 때부터 환절기마다 감기 달고 살았잖아. 이거 마시면 이제 걱정 끝이야!"

용진농협 도농상생터 개장식

친구들은 "왜 이렇게 귀찮게 하냐."는 볼멘소리를 하면서도 아침 출근길과 점심 식사 등 시간 날 때마다 매장에 들러 차를 팔아주었다. 또 주변 사람들에게 입소문을 내주고 간단한 선물할 때도 도농상생센터의 차나 쿠키 등을 이용했다.

조금씩 제품 품질의 우수함이 알려지고, "가보니 분위기도 좋고 읽을 책도 많더라." 알음알음 동네에 소문이 퍼져나갔다. "시골에 무슨 카페냐"며 타박하던 어르신들도 시시때때로 매장에 모여 차를 드시며 농사 정보를 교류하고 소비자들과 있었던 이야기들을 정답게 나누기 시작했다. 다양한 소비자 체험행사와 문화행사를 개최하고 제품 품목을 다양화해가니 고객들의 발걸음이 이어졌다.

일자리 창출과 지역 문화발전 기여, 두 마리 토끼 잡는 도농상생센터

용진농협 1층 로컬푸드 직매장 옆에 약 100평 규모로 자리 잡고 있는 도농상생센터에서는 지역에서 생산된 농산물을 활용하여 다양한 종류의 차와 간식들

지역 주민의 화합을 이끌어내는 도농상생센터

을 판매하고 있다. 특히 알이 굵고 진한 붉은 대추와 견과류가 듬뿍 들어간 대추차, 매콤달콤하고 기관지 건강에 좋기로 유명한 생강차, 단호박이 듬뿍 들어간 빵과 쿠키 등. 맛과 영양을 모두 갖춘 건강 음료와 음식들을 주력 메뉴로 삼고 있다.

또 북카페 코너에는 다양한 종류의 책을 구비해 놓았다. 북카페에는 농업과 요리, 농산물 매장 경영 등 실용적인 농업 지침서를 비롯해 과학, 기술 등 전문 분야 서적, 문학과 동화, 만화 등 다양한 장르의 책들이 있다. 또 완주지역 동향 소식지들과 관광명소와 맛집 등을 소개하는 지역 정보 자료들을 갖춰놓아서 외지인들이 쉬며 여행 일정에 참고하도록 했다.

도농상생센터는 각종 체험행사와 문화행사도 운영하고 있다. '얼굴 있는 생산자, 얼굴 있는 소비자'라는 용진농협 로컬푸드 직매장의 취지에 걸맞게 생산자와 소비자가 교류할 수 있는 여러 행사들을 기획하여 선보이고 있다.

로컬푸드 요리체험에서 만든 요리

대표적인 사례로 요리 전문가를 초빙하여 직매장 내에서 판매 중인 농산물을 이용해서 요리해보는 로컬푸드 요리체험은 반응이 좋았다. 또 지역 농산물을 활용하여 창의적인 건강 도시락을 만든 소비자들에게 시상과 함께 도농상생센터에서 직접 메뉴를 판매할 수 있게 해준 도시락 경연대회도 높은 인기를 보였다.

도농상생센터의 역할 중 일자리 창출도 빼놓을 수 없다. 매장에서 음료를 만들고 판매하는 사람들 모두 지역 주민들이다. 도농상생센터의 방문객 수가 늘어나고 매출이 상승함에 따라 상주 인력을 채용했다. 요일과 시간을 정해서 여러 명의 지역 주민들이 이곳에서 근무하고 있다. 근무하는 인원 외에 쿠키와 빵 등

지역 농산물을 활용한 도시락 경연대회

도농상생터에서는 다양한 체험이 일어난다.

을 납품하는 마을기업들에서 발생하는 간접 일자리, 식재료를 납품하는 생산 농가 등을 포함하면 고용 창출 효과는 더욱 크다. 이렇게 벌어들인 돈이 다시 우리 지역에서 쓰이는 것이 도농 상생이지 않겠는가!

돌이켜보면 지난 10년간 진행했던 일 중 무엇 하나 쉬운 것은 없었다. 모든 일이 마찬가지겠지만, 의지와 신념이 있고 그 뜻을 실행에 옮겨 묵묵히 실천해 나가는 힘이 필요하다. 어려움이 닥쳐도 포기하지 않고 노력한다면 세상과 사람들은 언젠가 그 정성을 알아본다. 언제나 뜻이 있는 곳에 길이 있는 법이다.

사진으로 보는 용진농협 로컬푸드 직매장

일자리 창출과 지역 문화발전 기여, 두 마리 토끼 잡는 도농상생센터

용진농협에서는 도농상생 교류행사를 운영하고 있다. 도시의 소비자들이 직접 농가의 논밭을 찾아 제철 농산물을 수확해보는 체험 프로그램이다. 소비자들, 특히 어린이와 청소년들의 신체와 정서에 긍정적인 건강효과를 크게 미친다. 자기 손과 눈으로 농산물이 재배, 수확되어 밥상에 오르기까지의 과정을 직접 체험하니 자연교육 효과 또한 크다. 건강과 농업과 교육 모두에 긍정적으로 작용하는 융복합사업이다.

사진으로 보는 용진농협 로컬푸드 직매장

도시와 농촌 이어주고
지역민의 문화공간, 도농상생센터

도시 소비자와 농촌 생산자 간의 다양한 교류를 하고, 더 나아가 지역민들의 공동체, 사랑방, 문화공간 역할도 한다. 약 100평 규모의 도농상생센터에서는 지역에서 생산된 농산물을 활용하여 다양한 종류의 차와 간식들을 판매하고 있다. 농산물 가공식품 판매로 수익도 올리고 지역민들의 고용창출과 인간적인 정을 주고받는 공간이 되고 있다. 또 북카페에는 완주지역 동향 소식지들과 관광명소와 맛집 등을 소개하는 지역 정보 자료들을 갖춰놓아서 외지인들이 쉬며 여행 일정에 참고하도록 했다.

2_ 농민과 소비자 '오감 만족', 도농상생 교류 행사

융복합 사업이란 무엇인가? 말 그대로 서로 다른 분야의 사업들을 조화롭게 연계시켜 다양한 서비스를 한 번에 제공해주는 것이다. 그중에서도 농촌의 융복합 사업은 단순히 농산물을 파는 것에서 그치지 않고, 다양한 체험활동과 원재료를 활용한 가공식품을 생산 판매하는 등 농업의 범위와 품목, 대상을 확대하여 적용하게 된다. 무엇을 하든 무엇을 먹든 새로운 재미를 추구하는 시대이지 않은가. 그리고 하나의 콘텐츠를 다양한 방식으로 편리하게 소비하는 것이 일상화된 세상이다.

먹거리와 농산물 또한 예외가 될 수 없다. "신선하고 몸에 좋은 농산물이니 소비자는 와서 많이 사가십시오"라는 일차원적인 접근으로는 사업의 한계가 있다. "왜?" 자기 농산물이 다른 지역의 농가에서 생산된 농산물보다 우수한지, 특징은 무엇인지 소비자가 직접 몸과 마음으로 느끼게끔 해야 효과가 더 좋을 수 있다. 영화감상을 3D, 4D로 촉각과 공간감까지 느끼며 입체적 체험을 하는 시대다. 농업과 농민들 또한 소비자의 '오감 만족'을 위해 새롭고 다양한 접근과 홍보를 해야 한다.

용진농협에서는 도농 상생 교류 행사를 운영하고 있다. 도시의 소비자들이 직접 농가의 논밭을 찾아 제철 농산물을 수확해보는 체험 프로그램이다. 봄날의 햇빛 아래서 손에 흙을 묻혀가며 캔 쑥에 향긋한 향기를 맡아보고, 잘 여문 방울토마토 한 알을 따서 깨물었을 때 입에 퍼지는 상쾌한 단맛은 마트에서 산 것과는 차원이 다르다는 소비자가 직접 느껴보는 것이다. 고된 농사의 체험을 통해 농민에게 고마움과 소중함을 알게 되고, 농산물에 대한 신뢰를 갖게 될 것이다.

소비자를 농촌과 가깝게 만드는 농사 체험 프로그램

　농사 체험 프로그램은 소비자들을 농촌과 가까워지게 하고 자연스럽게 지역 농산물 홍보 효과를 유발한다. 실제로 체험 프로그램에 참여한 소비자들은 우리 용진농협 직매장에 재방문 구매 비율이 매우 높았다. 상당수가 단골이 되었다.

　체험 프로그램의 효과는 단순히 매출 증대와 상품 홍보에 그치지 않는다. 소비자들, 특히 어린이와 청소년들의 신체와 정서에 긍정적인 건강효과를 크게 미친다. 자기 손과 눈으로 농산물이 재배, 수확되어 밥상에 오르기까지의 과정을 직접 체험하니 자연 교육 효과 또한 크다. 건강과 농업과 교육 모두에 긍정적으로 작용하는 융복합 사업이다.

도시인에게 몸과 정신 건강을, 농촌은 수익 올리는 융복합산업

　어른들에게도 농업이 선물해주는 순기능은 다양하고 그 효과 또한 크다. 하루 30분 정도씩 햇볕을 쬐며 야외활동을 하는 것이 비타민D와 칼슘 생성을 용이하게 한다는 얘기는 이미 들어봤을 것이다. 농사일은 집중력을 유지해가며 손발과 두뇌를 모두 활용하는 전신 활동이니 일상적인 산책이나 운동보다 건강효과가 훨씬 크다. 또 공기 맑고 조용한 농촌 활동은 호흡기를 비롯해 몸의 건강에도 좋고, 도시의 번잡한 생활 속에 지친 두뇌를 차분히 가라앉히고 생각을 정리하기에도 좋다.

용진농협 도농상생 교류 프로그램에서는 요리교실도 상시 운영하고 있는데, 요리 전문가를 초빙하여 소비자들이 직접 수확한 농산물들을 가장 맛있고 건강하게 즐길 수 있는 조리법을 알려주고 있다. 깨끗한 공기와 흙을 머금고 자란 농산물들을 땀 흘려 캐내어 맛있게 요리하여 먹으니, 이보다 더 건강하고 행복한 식사가 또 어디 있겠는가? 요리교실은 특히 가족이나 친구, 연인들과 함께 참여하는 소비자들에게 매우 반응이 좋다. 집으로 돌아간 후에도 이곳에서 배운 조리법을 활용하여 차려낸 식사 사진과 감사 편지 등을 보내오곤 한다.

농업을 활용한 다양한 형태의 융복합산업은 생산자들에게는 여러 방식을 통해 소비자들을 만날 기회를 제공해주고 직접 판매 외에 추가 수익 경로들을 마련해준다. 소비자들은 멀게만 느껴졌던 농촌을 가까이서 체험하며 신체와 정신 건강을 증진하고, 일상적으로 먹는 농산물을 가장 맛있게 즐기는 법을 배워간다. 그리고 더불어 살아가는 상생의 행복 또한 알게 되니, 이보다 더 좋을 순 없는 것이다. 모두를 융화시켜 복합적인 기쁨을 주는 것이 바로 융복합산업이라는 용어의 숨은 참뜻이 아닐까, 생각해본다.

사진으로 보는 용진농협 로컬푸드 직매장

농민과 소비자 '오감 만족', 농촌체험관광

용진농협에서는 도농상생 교류행사를 운영하고 있다. 도시의 소비자들이 직접 농가의 논밭을 찾아 제철 농산물을 수확해 보는 체험 프로그램이다. 소비자들, 특히 어린이와 청소년들의 신체와 정서에 긍정적인 건강효과를 크게 미친다. 자기 손과 눈으로 농산물이 재배, 수확되어 밥상에 오르기까지의 과정을 직접 체험하니 자연교육 효과 또한 크다. 건강과 농업과 교육 모두에 긍정적으로 작용하는 융복합사업이다.

3_ 복합사업 위한 완주푸드 허브사업단 출범

농촌 융복합산업의 핵심 가치는 '연결성'과 '조화'에 달려있다. 농업과 다른 분야와의 연계, 도시와 농촌, 그리고 생산자와 소비자의 상생 등이 원활하게 이뤄져서 하나의 지역공동체가 로컬푸드를 통해 경제적 기반을 확립하는 것이다. 또 교육, 문화, 환경 등을 함께 발전시켜나가며 풍요롭고 행복한 일상을 누리도록 해야 한다.

완주군과 용진농협은 로컬푸드 직매장의 성공에 힘입어 본격적인 융복합사업의 추진을 시작했다. 그간 쌓아온 성과로 생산자들은 자신감을 얻었고 소비자들도 로컬푸드 사업에 대한 신뢰가 자리 잡은 상태였기에 가능한 일이었다. 완주군 용진읍을 중심으로 한 농촌 융복합산업지구 조성사업 도전이 바로 그것이다.

그러나 첫 도전에서 바로 고배를 마셨다. 열심히 준비했던 지구 단위 사업 선정에 떨어지게 된 것이다. 부족한 점이 뭐였을지 고민하기도 바쁜 시간이었다. 지금까지의 추진내역들을 살펴보면서 먼저 6차산업 고도화 사업인 지역 단위 네트워크 구축사업에 도전하기로 했다.

실패가 좋은 밑거름이 되었을까? 감사하게도 지역 단위 네트워크 구축사업에 선정이 되었다. 2017년부터 2018년까지 진행될 지역 단위 6차산업을 위해 우리는 2가지의 핵심 목표를 세우고 사업을 시작했다.

첫째, 체계와 규모를 갖춘 사업단을 구성하고 전문인력을 육성하는 것. 그로 인해 로컬푸드 매장 직거래 외에 더 넓고 안정적이면서 전국적인 농산물 판매망을 확보하는 것.
두 번째, 농업 체험관광 콘텐츠를 개발하여 많은 관광객을 유입시키는 것.

그로 인해 로컬푸드 1번지 완주의 이미지를 확립하고 잠재적 소비자를 확보하여 온라인 매출을 확대하는 것.

단발성 이벤트 사업이 아닌, 장기적인 미래에 대비해 지역의 대표 사업을 육성해야 했다. 따라서 막연하고 즉흥적으로 접근할 수 없었다. 다음장 위의 그림에서 확인할 수 있듯이 융복합사업의 주체로 참여할 생산 농가와 가공식품 사업체들, 그리고 이들을 배후에서 지원해주고 사업 홍보와 교육 등을 진행해나갈 용진농협과 로컬푸드 관련 협동조합 등. 융복합 사업의 주축을 이룰 인력과 단체들을 통합하여 '완주푸드 허브사업단'이라는 특수협력 기구를 구성하였다. 허브사업 단장에는 용진농협 이중진상무, 완주로컬푸드협동조합 이효진 팀장, 용진농협 임경화 팀장으로 이루어져 있다. 그리고 이 허브사업단을 통하여 체험관광, 공동체 부엌, 통합 온라인 쇼핑몰 등의 구체적 사업을 추진해나가는 것으로 사업의 뼈대를 삼았다.

융복합사업에 있어서, 완주푸드 허브사업단의 출범이 갖는 의미는 대단히 컸다. 지속적, 안정적으로 성과를 이뤄내기 위해서는 사업의 주체들이 일원화된 체계를 갖추고 뚝심 있게 사업을 밀고 나가야 했다. 이제 완주푸드 허브사업단이라는 하나의 이름으로 지역의 모든 로컬푸드 전문가와 단체들이 역량을 집중시킬 수 있게 된 것이다.

복합사업 위한 완주푸드 허브사업단 출범

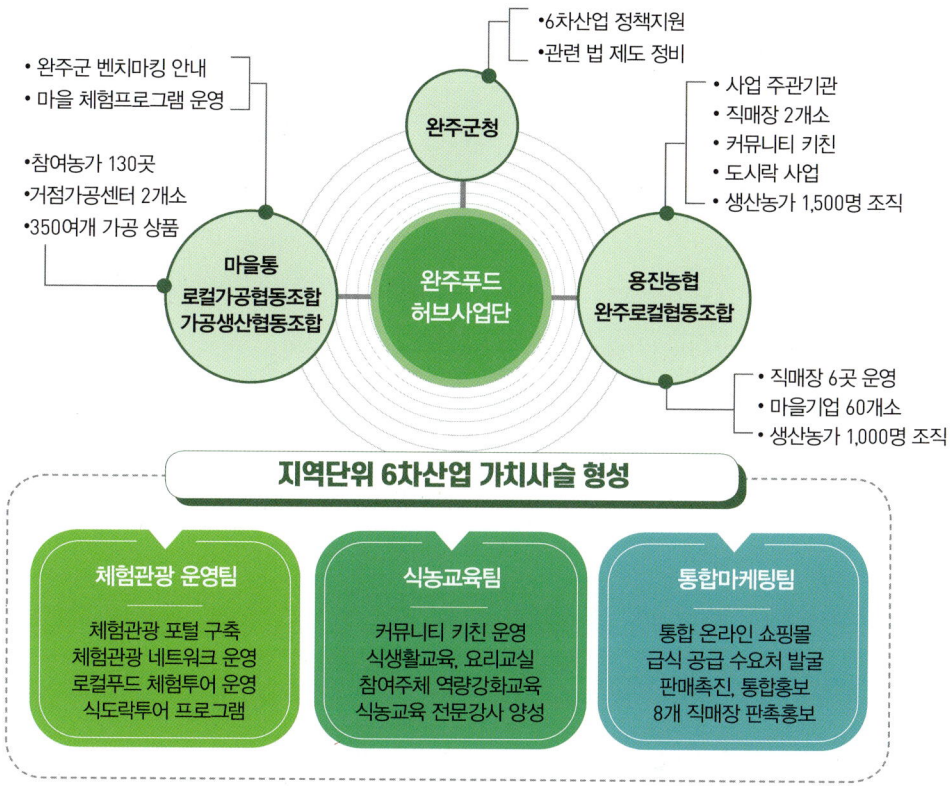

6차산업 실무능력 갖춘 전문인력 양성

어떤 사업을 하든 전문인력이 필요하다. 따라서 정확히 사업의 개념을 알고 6차산업에 관한 실무능력이 있는 인력을 양성해야 했다. 지역 단위 네트워크사업은 사업단의 역량강화 준비로 시작되었다. 각 팀별 실무능력 향상을 위해 연수를 가고, 관련 전문강사를 초청하여 교육도 진행했다. 푸드 허브, 6차산업, 체험 관광 등 우리가 나아가야 할 아이디어 창안을 위하여 여러 곳을 벤치마킹하기도 하였다.

완주푸드허브사업단 역량강화 교육

지역 단위 사업 중 체험관광 사업을 위한 전문인력 역시 필요했다. 소비자의 식생활을 개선하고 농업과 농산물에 대한 인식을 심어줄 인재를 양성하는 것이 목표였다. 식생활 교육과 요리교실을 통합한 교육 과정을 운영하기 위한 교육, 교재 등 실습이 진행되었다. 완주군에서 다양하게 추진되고 있는 체험지도사 양성과정과 가공 창업아카데미, 지역맞춤형 일자리 사업과 연계하여 좋은 시너지를 창출할 수 있었다.

완주군이 진행하는 다양한 전문인력 양성교육

체험관광 통해 힐링 친환경 여행지로 거듭난 완주군

완주군은 로컬푸드 직매장 사업의 성장세에 힘입어 힐링할 수 있는 친환경 여행지로 이름이 알려지기 시작했다. 이 기회를 잘 활용한다면 이제껏 전주시의 배후 소도시 이미지에 머물러 있었던 완주를 전국적인 관광지로 발돋움시킬 수 있겠다는 데에 사업단의 의견이 모았다. 또 로컬푸드라는 특장점을 보유하고 있으니, 이를 적극적으로 활용하여 특색있는 관광 프로그램을 개발한다면 충분히 승산이 있다고 판단했다.

이른바 '특화체험 관광프로그램' 개발이 시작되었다. 체험관광은 크게 두 가지로 나눌 수 있다.

첫째, 농촌체험관광 프로그램이다.
관광객들의 방문 일정과 목적, 인원수와 연령 등 다양한 요소들을 고려

농촌체험관광 프로그램 팸투어

농사의 모든 과정을 체험하는 팸투어 프로그램

하여 세분된 체험 프로그램을 기획하였다.

딸기와 완두콩 등 완주의 특산물을 재배하는 농장을 방문한 관광객들은 농사와 수확의 과정을 견학할 뿐만 아니라 직접 농사를 지어봄으로써, 농산물의 재배부터 식탁에 오르기까지의 전 과정을 직접 경험해보게 된다. 이를 통해 관광객들은 농사와 농산물에 대해 친근감을 느끼게 될 뿐만 아니라 완주 농가들의 친환경 농법에 대하여 신뢰를 갖게 될 것이다. 직접 오감으로 체험하며 느꼈던 촉감과 향기는 오래도록 기억에 남을 것이다. 이후 농산물을 구매하게 될 때는 자연스럽게 완주 농가에서 생산한 제품들을 구매하게 될 것이고 주변에 입소문도 내주지 않겠는가?

두번째, 공동체 부엌

공동체 부엌이란 이름 그대로 체험객들이 완주군 관내의 로컬푸드 직매장에서 식자재를 구입하여 이를 활용한 요리를 만들어보는 프로그램이다. 물론 관광객들이 이용할 부엌 시설과 요리에 필요한 조리도구는 모두 제공해준다.

완주 관내에는 로컬푸드를 활용한 가공식품을 제조하여 판매하는 업체들과 로컬푸드 레스토랑들이 많이 자리 잡고 있다. 이들과 연계하여 재료에 적합한 레시피를 배우고 즉석에서 직접 조리해 볼 수 있다. 또 지역 내의 유명 요리사나 식품 전문가들을 모셔서 계절별, 체질별로 적합한 요리 만들기 등의 프로그램도 기획하여 운영했다.

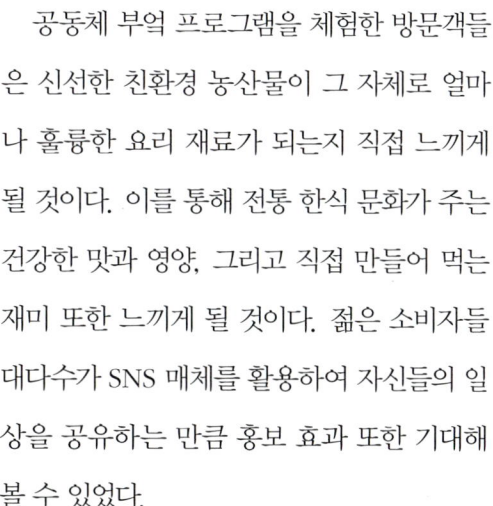

공동체 부엌 프로그램을 체험한 방문객들은 신선한 친환경 농산물이 그 자체로 얼마나 훌륭한 요리 재료가 되는지 직접 느끼게 될 것이다. 이를 통해 전통 한식 문화가 주는 건강한 맛과 영양, 그리고 직접 만들어 먹는 재미 또한 느끼게 될 것이다. 젊은 소비자들 대다수가 SNS 매체를 활용하여 자신들의 일상을 공유하는 만큼 홍보 효과 또한 기대해 볼 수 있었다.

온라인 통합플랫폼 통해 농가의 새로운 판로 개척

용진농협 로컬푸드 직매장이 활성화되고

공동체 부엌 프로그램

로컬푸드 가공품 시식판촉행사 현장

완주군의 사회적기업들의 제품이 소문이 나면서 온라인 판매에 대한 수요는 늘어났다. 신선함이 생명인지라 고민하던 차, 시대 흐름에 맞게 1차 농산물을 가공한 제품들과 장거리 유통이 가능한 농산물들의 온라인 마케팅 플랫폼 구축에 도전하기로 하였다.

장거리 운송 중 파손위험을 방지하고 신선도를 유지할 수 있는 포장재를 개발하고, 온라인 통합플랫폼을 구성하는 사업이 시작되었다. 직매장 8곳에서 동시에 프로모션과 홍보 행사를 추진하였다. 농가의 새로운 판로를 개척하고 확장해 주는 일은 언제나 뿌듯하고 설레었다.

사진으로 보는 용진농협 로컬푸드 직매장

6차산업 실무능력 갖춘 전문인력 양성

6차산업에 관한 실무능력이 있는 인력을 양성해야 한다. 완주군에서 다양하게 추진되고 있는 체험지도사 양성과정과 가공 창업 아카데미, 지역 맞춤형 일자리 사업과 연계하여 좋은 시너지를 창출하고 있다.

4_ 30억 원 정부 지원받아 농촌 융복합산업의 미래 만든다

비전	로컬푸드의 융복합 Biz를 통한 **6차산업의 중심, 완주로컬푸드**					
목표	체계적 운영시스템 구축	농촌융복합산업 주체역량강화	로컬푸드 특화품목 육성	체류형 관광객 확대 유치	로컬푸드 고부가가치화	사업추진 기반구축
전략	컨트롤타워 역할 수행	전문인력 양성 150명	4대 특화품목 양성	유료 체험객 2000명▶3,000명	특화품목 매출액 200억▶250억	융복합 거점 인프라 구축
세부 사업	**거버넌스체계 구축** • 사업단 구성 및 운영 • 민관협력체 네트워크 • 연계업무협약 체결·컨설팅	**창업확대 및 역량강화** • 귀농인 청년 창업 활성화 • 참여주체 역량 강화 컨설팅	**특화품목 육성** • 특화품목 전문 인력 양성 • 신상품 개발 • 판매지원 및 마케팅 • 국내외 판로개척	**통합체험관광 시스템 확립** • 통합체험 프로그램 구축 • 로컬푸드 테마 요리교실 운영	**상품고도화 및 판매확대** • 공동부엌 메뉴 개발 • 공동브랜드화 • 판촉프로모션 • 신유통채널 구축	**융복합 거점 인프라 구축** • 공동 부엌 조성 • 창업·창작 인큐베이팅 구축

지역 단위사업을 통해 완주에는 융복합사업 기반시설이 더 확충되었고, 농촌 융복합산업에 대한 미래를 더 자세히 그릴 수 있었다. 그 결과 2019년 농촌 융복합 지구단위 조성사업자로 선정되면서 정부로부터 30억(국비15억, 군비9억, 농협중앙회1억3천, 자부담4억7천)을 지원받게 되었다.

완주 융복합산업 지구의 핵심거점인 용진농협 로컬푸드 직매장 건물을 3층 규모로 증축하기로 했다. 1층에는 이 모든 것의 시작인 로컬푸드 직매장이, 2층에는 로컬푸드 농산물을 이용한 푸드몰(한식, 분식, 베이커리, 카페 등)과 공유주방을, 3층에는 스튜디오와 창업공간, 체험장이 구성되었다.

완주 로컬푸드 융복합산업지구 사업 융복합공동인프라 투시도

공유주방을 함께 꾸려갈 지역 사람들이 화이팅하고 있다.

2층의 공유주방에서는 로컬푸드 농산물을 이용하여 전문가와 연계한 메뉴를 개발하고, 조리 표준화를 위한 메뉴얼화를 추진한다. 또 공유주방 시설을 활용하여 로컬푸드 테마 요리교실을 운영하여 로컬푸드 소비를 촉진하고 완주군 식문화 전파에 앞장설 예정이다. 3층은 창업 창작 인큐베이팅 공간으로 완주군 창업 인력 양성사업을 통해 배출된 인력들이 활동할 수 있는 공간을 제공하고, 완주군 내 분포되어 있는 각종 자원과의 연계를 강화한다. 또 대한민국 로컬푸드 1번지로서 로컬푸드 역사에 대한 아카이빙도 실시할 예정이다.

친환경 농가 육성사업 통한 고품질 특화품목 개발

2019년부터 2022년, 총 4년에 걸쳐서 진행되는 융복합산업지구 조성사업은 크게 6가지의 세부사업으로 나눌 수 있다. 사업단을 구성하여 농촌 6차산업을 위한 거버넌스 체계를 구축하여 공공과 민간 영역이 수평적인 협력 구조를 이루

2021년 완주 로컬푸드 신상품

는 것, 고품질의 특화품목을 육성하는 것, 창업을 확대하는 것, 상품을 고도화 시키고 판매를 확대하는 것, 체험관광 프로그램을 개발하는 것, 융복합 공동인 프라를 구축하는 것이다.

고품질 특화품목 개발을 위해 친환경 농가 육성사업이 시작되었다. 참가자를 모집하고 인증과 관련된 교육과 현장 교육을 시행했다. 친환경연구회를 통하여 병해충을 방제하는 법, 토양을 관리하는 법, 친환경 재배시설을 관리하는 법 등 교육 실습이 이뤄졌다. 다양한 특화품목 육성 교육을 통하여 로컬푸드 신상품 들이 개발되기 시작했다. 참여한 농민들이 고민하고 노력한 결과였다.

귀농귀촌 청년들의 창업 활성화 및 역량 강화

융복합 공동인프라 3층에 자리 잡을 창업에 도전하는 청년과 귀농 귀촌인들을 위해 로컬푸드 융복합 연구회가 설립되었다. 로컬푸드 융복합 연구회는 식품분과, 체험분과, 마케팅분과 총 세 분야로 나누어 참여 회원들을 위한 세밀한 교육이 진행되었다. 체계적인 창업 교육과 사업 홍보 지원의 시작이었고, 이들이 한층 더 수월하게 지역에 뿌리를 내릴 수 있도록 도와주는 과정이었다. 청년 창업이 활성화되어 성공적으로 완주에 뿌리를 내린다면 지역경제 활성화와 공동체의 활력소가 되어줄 것이고, 더욱 건강하고 밝은 지역사회의 미래를 그려볼 수 있게 된다.

상품 개발 교육과 즉석 제조식품을 만들어 평가하기도 하고, 회원별 체험과 실습 및 키트를 개발하기도 했다. 마케터 양성을 위하여 온라인 플랫폼 개설 및 마케팅 실습 교육도 진행되었다. 쌀과 콩 누룩을 실습하고 전통주 등을 실습하는 '로컬푸드 발효학교'도 운영하였으며, 창업을 위한 '작은 창업 설명회'도 운영했다.

창업 기초단계에서 필요한 경영, 법률, 특허, 세무회계 등 전문지식이 필요한 분야의 교육들도 진행되었다. 관내의 귀농·귀촌 지원센터를 통해 창업 희망 분야별 전문교육을 실시하였다. 로컬푸드 가공식품 사업체로 발전시킨 생산 농가

로컬푸드 발효학교 기본과정

들을 초빙하여 멘토링 교육을 실시하여 참여 주체들의 역량강화를 도모하였다. 또 예비 창업인들에게 관내의 특산물이 재배, 수확되는 농업 현장체험교육과 더불어 가공업체 방문 체험교육을 통하여 농산물이 상품화되는 과정을 직접 견학해볼 수 있도록 하였다.

로컬푸드 1번지 완주 용진농협의 공동브랜드, 캐릭터 개발

로컬푸드의 지명이나 브랜드 이름을 들었을 때 저절로 특산물이 연상되는 곳들이 있다. '청양 고추', '대구 사과', '영광 굴비', '의성 마늘' 등. 거의 조건 반사적으로 지역과 상품을 연결지어 생각한다. 오랜 세월에 걸쳐 우수한 상품을 생산하고 판매해오며 자연스럽게 소비자들로부터 신뢰를 쌓아왔기에 가능한 일이다.

완주의 로컬푸드 농산물도 브랜드화 전략을 통한 이미지 홍보가 필요했다. 딸기와 완두콩 등의 개별 특산물을 상징하는 캐릭터 상품이나 로고는 물론, 완주군 로컬푸드 융복합산업 전반의 비전과 목표, 정체성을 대표할 수 있는 B.I(Brand Identity:브랜드 정체성), C.I(Coporate Identity:기업 정체성)도 개발하기로 했다. 개성이 뚜렷한 로고나 캐릭터 디자인을 제작하여 완주의 로컬푸드를 대표할 수 있다면 전국의 소비자들에게 로컬푸드 1번지 완주의 이미지를 널리 홍보할 수 있을 것이다.

완주 융복합 공동브랜드 연계 캐릭터 개발

브랜드굿즈 개발

　이에 완주푸드허브사업단은 관내 로컬푸드 직매장 고객들을 대상으로 브랜드 네이밍과 디자인에 관한 선호도 설문조사를 진행했다. 이 조사 결과를 반영하여 지속적인 수정과 보완의 과정을 거쳐 완주 로컬푸드 산업의 대표 공동브랜드를 개발해 나갔다.

　브랜드와 디자인 개발이 완료되면 이를 토대로 향후 브랜드 인지도 확대 목표를 설정하고 단계별로 브랜드 관리 전략을 수립하여 실행해나갈 것이다. 전국적인 온라인 판로 확대를 계획하고 있기에 양질의 상품을 제작하고 유통하는 것만큼 효과적인 홍보전략 수립과 실행이 중요하다고 판단했다. 이왕이면 보기 좋은 떡이 먹기도 좋다고 하지 않았던가? 이제는 농산물 또한 브랜드와 이미지 관리가 중요한 시대인 것이다.

로컬푸드 1번지 용진농협의 완주 슬기로운 체험 키트 프로그램 개발
완주 로컬체험, 이제는 집에서도 즐길 수 있어

　융복합연구회의 체험분과 성과를 통해 '철기시대 스콘 키트', '완주의 향 체험 키트', '완주 발효 미식 키트' 총 세 가지가 개발되었다. 체험 키트는 COVID-19

시대에 맞게 슬기로운 '집콕' 생활을 위한 것으로 철기시대를 연상시키는 특별한 모양의 스콘을 만들 수 있는 키트와 맛있게 발효되는 물김치와 무장아찌 키트, 완주의 향을 구현하여 담은 캔들과 석고 방향제 키트로 구성되었다.

또 총 2회차에 걸친 완주 로컬택트 비대면 체험 상자도 개발되었는데 '완주의 땅 체험 상자'와 '캠핑 키트 체험 상자'로 구성되었다. 'Eat&Play'라는 이름에 걸맞게 완주의 로컬푸드를 기반으로 만들어진 구성품들로 채워져 있으며, 싱싱한 1차 농산물과 가공품, 새싹 보리 쿠키를 만들거나 재배할 수 있는 키트와 완주 융복합 공동브랜드 캐릭터로 만든 굿즈와 엽서들로 구성이 되어있다. 집에서 즐기는 완주 로컬체험과 캠핑 체험으로 구성된 키트들로 구매자들의 의견을 종합하여 새로운 체험 프로그램 개발에 더욱 힘쓸 예정이다.

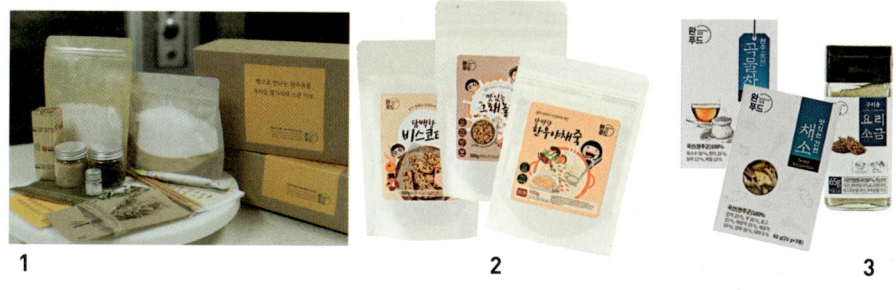

1. 철기시대 스콘키트 **2.** 완주의 향 체험키트 **3.** 완주 발효 미식키트

완주 로컬택트 비대면 체험상자, '완주의 땅', '캠핑키트'

온라인 마케팅, 전시회 참여 등 '완푸드123' 홍보에 박차

지난 지역단위 네트워크 산업의 온라인 판매 촉진의 경험을 살려 융복합산업 홍보 마케팅은 조금 더 세밀하게 진행되었다. 개발된 특화 제품의 자체 오프라인 홍보 마케팅이 1차, 2차에 걸쳐 진행되었다. 용진농협 로컬푸드 직매장과 전북 삼락 로길마켓에서 진행된 홍보 행사는 사업단에게 의미 있는 경험이 되었다.

입소문도 온라인으로 나는 시대인 만큼 대대적인 SNS 홍보 마케팅을 시작했다. 블로그, 인스타그램, 페이스북, 유튜브 등 총 4개의 대표 SNS 채널을 개설하고, 홍보 이미지 디자인을 제작하였다. 채널 활성화를 위해 다양한 콘텐츠와 이미지들을 업로드하여 팔로워와 스토어찜 수를 늘리기 위한 과정이었다.

융복합 상품 전시기획전과 홍보영상 제작도 진행되었다. 소양면 오성 한옥마을에서 융복합 체험 키트 시연 행사도 하고, 식품과 굿즈들로 전시장 내부를 꾸며놓았다. 전시장 외부에서는 상품과 SNS 채널 홍보가 진행되었으며, 라이브 방

융복합상품 전시기획전

홍보 영상 제작 및 유통 채널 구축, 박람회 참가

송으로 홍보 프로모션도 진행했다. 또 마케팅에 다양하게 활용할 수 있도록 제품과 비대면 체험 키트, 융복합사업 내용을 담은 홍보영상을 제작하였다.

신 유통채널 구축에도 박차를 가했다. 완푸드123 스마트스토어를 개설하고, 상세페이지를 제작하여 융복합 상품들을 소개했다. 오프라인으로는 박람회 참가에 집중했다. 대한민국 명품특산물 페스티벌과 메가쇼 등에 참가해 완푸드123 상품을 홍보하고, 제작한 브랜드 굿즈들을 홍보하였다. 유통처 바이어들과의 상담도 진행하고 후속 논의를 통해 6차산업의 신 유통판로 구축을 위해 모두가 노력했다.

지역의 미래
책임지는
로컬푸드
04

완주군, 용진농협, 로컬푸드의 최종 미래는?

지난 10여 년간 로컬푸드 사업을 계획하고 실행하면서 수많은 희로애락의 순간을 겪어왔다. 우리 용진농협의 전 현직 조합장님들을 비롯한 여러 임직원, 그리고 완주군청의 물심양면 지원이 함께 해줬기에 지금 이만큼의 성과를 거둘 수 있었다. 특히 지역경제를 활성화하겠다는 사업의 진정성을 믿어주고 정성을 다해 기른 농산물을 우리 용진농협 로컬푸드 직매장에 출하해준 생산자, 그리고 그 상품을 믿고 구매해준 소비자, 사실 이분들이야말로 로컬푸드 사업의 진정한 주인공이라 할 수 있다.

관청과 기업에서 아무리 좋은 기획과 반짝이는 아이디어를 내놓고 추진한다고 하더라도 실제 현장에서 적용되지 못한다면 그저 탁상행정으로 그치고 말 것이다. 우리 완주군과 용진농협의 사업성과에 있어서 가장 자랑스러운 점은 바로 지역주민들의 자발적, 적극적 참여를 통해 매년 로컬푸드 직매장의 매출이 증가해 나갔다는 점이다. 이에 고무된 생산자들은 가공식품 사업화까지 이뤄내며 지역 내 고용 창출을 일으키고, 지역경제 활성화의 선순환 구조를 뿌리 내렸다. 그렇다면 앞으로 완주, 용진농협, 농가가 가야 할 최종 미래는 어떤 모습일까?

2019년 5월 유럽의 사회적 농업 정책과 사례를 탐방하기 위해 대한민국의 대표 농업인들과 함께 이탈리아와 독일로 교육연수를 떠난 적이 있다. 이탈리아의 롬바르디아 사회적 농업협회, 나자렛협동조합 리그네라, 르캐신 리보니 농장과 독일의 크나이프 연맹, 카리부 학습 및 체험농장, 캠프탠 농림식품청, 그뮌더 호프를 방문하는 약 2주간의 여정이었다.

머릿속에 추상적으로만 있었던 사회적농업이 하나둘씩 눈앞에 구현되었다. 여성, 장애인, 청소년, 어린이, 노인 등 사회적 약자들이 활동하는 농장, 지역 형무소와의 협업으로 청소년 재소자가 일하는 농장 등 긍정적 선순환을 가져오는 사회적 농업이 그곳에 있었다. 소외계층은 더 다양해지고 세분화되는 현대 사회에서 농업이 사람들을 치유하고 돌보고 성장시킬 수 있는 최적의 장소라는 것을 제대로 알게 된 것이다.

농업이 가야할 길, 생산농업을 넘어 치유농업으로

농업은 정서적, 정신적 안정감을 높여주는 자연치유의 역할을 수행한다. 영국의 한 대학 연구결과에 따르면 실버 농장에서 정기적으로 채소를 가꾸는 노인들의 경우 그렇지 않은 노인들보나 우울감이 60% 낮게 나타난다고 한다. 고령이 될수록 사회적 접촉이 적어지고 경제활동 역할의 비중도 감소하다 보니 노인들은 스스로 자존감이 낮아지면서 우울감과 외로움과 같은 부정적 감정을 느끼는 경우가 많다. 그럴 때 농업이 새로운 삶의 활력소가 되어줄 수 있다는 것이다.

농업은 실제 신체기능 향상에도 많은 긍정적 효과를 준다. 농업과 원예 활동은 뼈의 밀도 조절과 정서 안정에 도움을 주는 물질인 세로토닌의 분비도 40% 가까이 증가시켜주고, 고혈압과 당뇨병 등 만성질환자들의 악성 LDL 콜레스테롤 수치도 9.2% 낮춰준다. 스트레스 호르몬 분비는 28%까지 감소시킬 수 있다.

농업은 사회화 작용도 가능하게 한다. 농사는 절대 혼자 지을 수 없다. 씨앗을 고르는 것부터 싹을 틔워 생산하는 과정에서 여러 사람과의 교류가 생성된다. 농산물에 대해 의논하기도 하고, 서로 일손을 돕기도 하면서 농업은 사회적인 관계를 만들어준다. 그리고 가장 중요한 농업의 역할은 바로 경제활동을 가능하게 한다는 것이다. 내 손으로 키운 작물을 포장하고 팔고 그로 인한 이익을 얻고, 그것을 통해 자기 삶을 영위하는 과정. 농업은 소외계층에게 자립을 선물해줄 수 있다.

현대적 의미의 치유농업은 1960년대에 본격적으로 시작되었다. 초기엔 장애

농업으로 사람을 치유하는 케어팜

인의 심신 안정과 사회복귀를 돕기 위한 활동으로 활용하였는데, 영국과 아일랜드 등지의 캠프힐 운동(Camphill Movement)이 대표적이다. 당시엔 주로 멘토와 전문 치료사가 장애인을 위한 원예 프로젝트를 진행하는 방식으로 프로그램을 운영하였다.

 이는 케어팜으로 이어진다. 케어팜은 '사회적 돌봄'을 농장에서 실현하는 치유농업의 일환으로 이미 독일, 네덜란드, 영국 등 유럽에서는 3,000곳 이상이 운영 중이다. 케어팜에서는 발달장애인, 치매노인, 알코올 중독자, 전과자 등 사회에서 소외되어왔던 이들이 농작물을 가꾸거나 동물을 기르면서 자신들 또한 치유와 재활 서비스를 제공받고 있다.

 '케어(Care, 돌봄), 팜(Farm, 농장)'이라는 의미 그대로 자연과 인간이 서로 보살핌을 주고받으며 삶과 생명의 소중함을 다시금 깨닫는 것이다. 한국에서는

2017년부터 '돌봄 농장'이라는 이름을 통해 시범사업으로 추진되었으며 점차 늘려가는 추세이다. 치유농업 육성에 관한 법이 시행되면서 점차 정착과 발전을 위하여 노력 중이다.

소외계층 돌보는 사회적 농업, 한국 농촌이 가야할 길

농업의 미래는 사회적 농업에 있다. 로컬푸드 직매장, 도농 상생 교류, 6차 융복합산업을 넘어서 가야 할 곳은 사회적 농업이다. 로컬푸드 직매장을 통해 생산자의 판로를 확보해주고, 융복합산업을 통해 새롭게 제품을 가공하고 특별한 체험 서비스를 창작할 수 있도록 돕는다. 일련의 과정을 통해 얻은 이익은 지역경제를 활성화하고, 지역의 일자리를 창출한다. 이렇게 반복되는 선순환 시스템의 주인공은 영세·소농·고령계층, 다문화가정, 장애인, 요양병원 환자 등 사회적 소외계층들이다. 지역사회의 활력을 불어넣으면서 소외계층의 자립과 교육, 재활이 이어지는 것이다.

완주군에는 이미 이러한 사회적 기업들이 있다. 고령자들로 이루어진 다양한 마을기업들, 다문화가정의 마더쿠키, 장애인의 꿈을 위한 완주떡메마을, 치유농업학교를 운영 중인 담소담은 등 로컬푸드에서 출발한 다양한 기업들이 지역사회의 미래를 받드는 기둥이 되고 있다.

이들의 행보는 지역을 넘어 한국 사회 전반에 선한 영향력을 끼치고 있다. 농업의 미래는 사회적 농업이며 이것이 바로 농업이 이루어야 할 궁극적 가치라고 할 수 있다. 이를 위해 완주군도 용진농협도 멈추지 않을 것이다.

앞으로의 미래가 기대되는 용진농협 로컬푸드 직매장

부록

용진농협 로컬푸드 관련 서식

- 품질관리위원회 규약규칙
- 용진농협 로컬푸드 출하신청서, 출하요령, 정보제공동의서
- 출하농업인에 대한 제재 기준
- 로컬푸드 직매장 진열기한
- 로컬푸드 월별 판매 순위

용진농협 로컬푸드 품질관리위원회칙

(제정 : 2013. 05. 01)

제 1장 총 칙

제1조(명칭) 본회의 명칭은 용진농협 로컬푸드 품질관리위원회(이하 "본회"라 한다.)라 한다.

제 2장 목적 및 사업

제2조(목적) 본회는 용진농협 로컬푸드(이하 "로컬푸드"라 한다.)의 지속가능한 성장과 고객들에게 최고의 만족을 제공하기 위하여 로컬푸드에 납품되는 농산물들의 품질과 가격을 지속적으로 모니터링하여 로컬푸드의 경쟁력을 유지하고 지역발전에 기여함을 목적으로 한다.

제3조(활동) 본회의 제2조의 목적을 달성하기 위하여 다음 각 호의 활동을 수행한다.

① 주요활동

ㄱ. 매주 1회 이상 로컬푸드 매장내의 농산물의 품질과 가격을 점검·감독한다.

ㄴ. 매주 1회 이상 대형마트나 공판장 또는 재래시장 등의 품질과 가격을 분석·확인하여 로컬푸드 매장에 납품되는 농산물의 품질 및 가격을 비교·점검한다.

ㄷ. 매분기 1회 이상 출하자들과 간담회를 열어 로컬푸드의 지속가능한 발전을 위한 회의를 한다.

ㄹ. 로컬푸드의 출하자들에게 품질관리를 위한 지속적인 교육을 제공한다.

②제1항의 사업을 위해 전문가를 초빙할 수 있으며, 소비자와 생산자 간의 토론회를 개최할 수 있다.

제 3장 위원회 구성

제4조(위원의 자격) 본회는 외부관리위원으로 외부전문가, 행정, 생산출하농가 대표 등 10인 이내로 구성하고 내부관리위원으로 조합장, 전무, 경제상무를 포함하여 총 7인으로 구성하며, 위원장은 본 농협의 조합장과 외부관리위원회 중 1인을 공동위원장으로 한다. 단, 위원은 본 농협의 조합장이 정한다.

제5조(입회절차) 본회에 위원이 되고자 하는 자는 본 농협의 조합장에게 서면 또는 구두로 가입 신청을 하여야 한다.

제6조(탈퇴) 본회의 위원은 본 농협의 조합장에게 탈퇴 의사를 통보함으로써 탈퇴할 수 있다.

제7조(위원의 관리)

①품질관리 위원회의 매분기 정기회의 또는 행사에 참여할 권리

②품질관리 위원회의 운영에 관하여 자유롭게 의사표시를 할 권리

제8조(위원의 의무)

①본회의 운영지침과 각종 규칙, 의결사항을 준수할 의무

②본회의 운영에 관한 기밀을 지킬 의무

③본회의 명예를 훼손하지 아니할 의무

④본회의 제반활동에 적극 협력하고 참여할 의무

제9조(위원의 구성) 임원은 공동위원장 2인, 간사 1명, 위원 14명 이내로 구성된다.

제10조(임원의 임기)

①임원의 임기는 2년으로 하며, 농협의 조합장은 당연직 위원장으로 연임할 수 있다.

②임기만료 전에 위원자격의 상실 등으로 인하여 운영위원이 교체된 경우 전임자의 잔여임기로 한다.

제11조(고문)

①본회에 약간명의 고문을 둘 수 있다.

②고문은 위원 또는 비위원 중에서 로컬푸드와 농산물 유통에 관하여 학식이 있는 자를 위원회의 승인을 얻어 위원장이 위촉한다.

③고문은 위원장의 자문에 응하며, 위원장 또는 위원회의 요청에 따라 각급 회의에 참석하여 의견을 개진할 수 있다.

제 4장 회 의

제12조(정기회의)

①정기회의는 매분기 1회 이상 개최하고 재적인원 과반수의 참석으로 성립하며 참석인원 과반수의 찬성으로 의결한다.

②정기회의 의결사항은 다음과 같다.
　ㄱ. 회칙의 제정·개정 및 임원선출
　ㄴ. 로컬푸드 품질기준에 관한 사항
　ㄷ. 입점 농가(마을, 사회적기업, 협동조합 등) 제재사유 발생 시 징계양정 결정
　ㄹ. 기타 필요하다고 인정되는 사항

제13조(임시회의) 재적인원 과반수 이상의 요청이 있거나 위원장이 필요하다고 인정하는 경우에 소집하며, 임시회의 안건은 참석인원 과반수의 찬성으로 가결한다.

제 5장 위원회 규정 변경 및 해산

제14조(위원회 규정 변경) 위원회의 규정을 변경하고자 할 때에는 위원회의 의결을 거쳐야 한다.

제15조(위원의 탈퇴 및 제명)
　①탈퇴를 희망하는 회원은 탈퇴신청서를 협의회에 제출함으로 탈퇴할 수 있다.
　②다음 각 호의 1에 해당하는 사유가 발생한 회원은 정기회의의 의결을 거쳐 제명할 수 있다.
　　ㄱ. 회원의 의무를 이행하지 아니한 때
　　ㄴ. 본회의 사업을 방해하거나 중대한 손실을 초래한 때
　　ㄷ. 기타 회원으로서 적당하지 못하다고 인정될 때

제 6장 재정 및 관리

제16조(재정) 본회의 재원은 항)교육지원비 목)영농지도비 세목)생산지도비에서 충당한다. (위원회 참석 시 회의수당을 지급할 수 있다.)

제17조(회계연도) 본회의 회계연도는 1월 1일부터 12월 31일까지로 한다.

제 7장 부 칙

제18조(기타)
①이 회칙은 창립총회에서 통과되는 때로부터 효력이 발생한다.
②이 회칙에 규정하지 아니한 사항은 위원회의 의결 또는 관례에 따른다.
③사업추진 및 위원회의 운영에 관한 세부사항은 내규로 정한다.

용진농협 로컬푸드직매장 출하등록 신청서

결재	계원	책임자	책임자	책임자	조합장

거래처코드 (   )   접수번호 (   )

접수월일	년 월 일		
성 명		완주로컬인증	여 / 부
실명번호 / 사업자번호			
주 소			
연 락 처			
농협 조합원 확인	정조합원( ) 준조합원( ) 비조합원( ) 조합원가족( )		
출하희망품목 (5가지 이내)			
출하기간			
교육이수여부	여 (수료증번호 :) 부		
재배지 주소			
계좌번호(예금주)	농협 : (예금주 :)		
출하등록번호			

출하등록상의 확인사항 : 본인은 아래의 [출하등록상의 확인사항]을 준수하겠습니다.

1. 신규등록의 조건은 [용진농협의 예금계좌를 가지고 있고 영농 및 가공에 종사하는 자]입니다.
2. [가공품] [양계] 등 다른 법적 규제를 받는 상품은 별도의 출하기준이 적용됩니다.
3. 매입품과 위탁품 등 출하자가 생산한 것 외에는 출하할 수 없습니다.
4. 생산·가공·제조에 관한 클레임에 대한 책임(회수·대응·비용 등)은 출하자에게 있습니다.
5. 용진농협은 친환경·GAP인증농산물·이력추적제·잔류농약검사 합격품만 취급합니다.
6. 직매장에 진열하는 상품은 자가재배상품·자가가공산품·지역문화와 역사를 근거로 한 상품이어야 합니다.
7. 허위기재·산지위조·식품위생법 등을 위반할 경우, 출하정지·등록말소의 조치가, 악의적인 경우는 손해배상과 법적 수속을 취할 수도 있습니다.

용진농협 로컬푸드 직매장 참여농가 준수사항

1. 직거래 근절 : 부득이한 경우 매장에서 선 결제 후 거래 가능(소탐대실)
2. 단량 준수 철저 : 수분 증발 및 포장지 무게 감안

   (상추 200g 시 → 실 중량 220g~230g)
3. 포장단위 균일화 : 품목별 포장단위 균일화 (품목별 예시 참조)
4. 출하절차 일원화 : 반드시 점장과 상담 및 신청서 제출 후 출하
5. 진열장 매대 청소 및 직매장 뒤 청결유지 : 출하 중 농산물 포장지, 껍질, 과일 시식 후 음식물 등 처리 철저
6. 선별 철저 : 속박이 금지
7. 타 유통업체의 납품요구에 응하지 말 것 → 타 유통업체의 출하요청 시 점장과 반드시 상담 후 결정
8. 상품 품질에 상응하는 가격 책정 철저
9. 타 생산자 농산물 임의 이동 금지 및 본인 농산물 한 곳에만 진열
10. 연중 교육 3/4회 이상 참석

〈공지사항〉

1. 용진농협 로컬푸드 직매장에서는 품질관리위원을 위촉하여 운영(7인~9인)하고 있으며, 외부인사(교수 등) 및 종류별 전문가를 선임하여 품질관리를 실시하고 있습니다. 상기 위원들의 시정요구에 따라주시기 바랍니다.
2. 상기 준수사항 위반 시,
   - 1차 : 1개월 출하정지
   - 2차 : 3개월 출하정지 및 재교육
   - 3차 : 무기한 출하정지 또는 영구 퇴출됨을 공지하여 드립니다.
3. 잔류농약 검출시 1회 3개월 출하정지, 2회 12개월 출하정지, 3회 영구제명

※ 출하자 본인은 위 준수사항을 성실히 이행할 것을 확약하며 서명날인합니다.

년   월   일

성 명 :   (인)

용진농협 로컬푸드 가공식품 (신규, 추가) 출하 신청서

결재	계원	책임자	책임자	책임자	조합장

■ 인적사항

성명(단체명)		연락처	
거주지 주소			
사업자명		사업자등록번호	
사업장 주소			

■ 출하 신청 제품

제 품 명		식품유형	
제품용량		제품규격	
보관방법		유통기한	
포장재질		판매가격	
과세구분			

제 품 명		식품유형	
제품용량		제품규격	
보관방법		유통기한	
포장재질		판매가격	
과세구분			

제 품 명		식품유형	
제품용량		제품규격	
보관방법		유통기한	
포장재질		판매가격	
과세구분			

상기 품목에 대한 직매장 출하신청서를 제출합니다.

년   월   일

신청인(단체명) :   (인 또는 서명)

접수번호		접수일		접수자	

※ 첨부서류 1.품목제조보고서 2.자가품질검사성적서 3.제품샘플

가공식품 원료(원재료·부재료) 수급 내역서

■ 인적사항

성명(단체명)		연락처	
제품명			수량: 개/용량: kg(리터)

■ 가공 원재료

□ 자가생산용 원재료				
원재료명	사용월	사용량(kg)	생산지역	비고

□ 구매용 원재료				
원재료명	사용월	사용량(kg)	구입처	비고

■ 가공 부재료

원재료명	구입월	구입량(kg,리터)	구입처	비고

※ 첨부서류: 구매증빙 내역(이체내역, 구매 영수증 등)
위와 같이 가공식품 원료를 수급하였음을 증명함.

년   월   일

작성자 :   (인 또는 서명)

업체명(공동체명) :

농산물 원산지 증명서(구매용)

■ 구매자(공급)

성명(단체명)		연락처	

■ 판매자

성명(업체명)		연락처	
경작지 주소			

■ 농산물 현황

농산물		생산년도	
원산지		생 산 량	
수확일(일반)		도정일(곡류)	
농산물		생산년도	
원산지		생 산 량	
수확일(일반)		도정일(곡류)	

상기 품목의 대하여 원산지와 생산자를 증명하며, 구매자(공급자)에게 판매하였음을 확인합니다.

※ 첨부서류: 구매증빙 내역(이체내역, 구매 영수증 등)

년   월   일

판매자 :   (인 또는 서명)

업체명(공동체명) :

가공식품 제품가격 산정서

■ 인적사항

성명(단체명)		연락처	

■ 제품현황

제 품 명		식품유형	
제품가격		제품용량	

■ 제품단가 산출[가공원재료 1kg기준으로 작성]
　－ 생산단가 + 포장단가 = [　　　　　　원]

가공원재료명	1kg판매가격	가공원물가격	비고
		(A)	성상 판매가격이 아닌 가공용 구입단가로 책정
부재료명	사용량(kg, 리터)	부재료단가	비고
			가공원물(1kg)에 사용되어지는 부재료 사용량을 부재료 총용량과 구매가격의 비율(비중)을 산출하여 작성
소계		(B)	
생산량(kg,리터)	포장단위	생산수량	생산단가[(A+B)/C]
		(C)	
포장용기(개당)	스티커(개당)	기타(홍보물)	포장단가
+	+		=

■ 제품비교(평균가격 :　　　　　원)

대형마트		원	인터넷쇼핑몰		원
생　협		원	기　타		원

■ 최종 제품가격 결정

제품단가	부가세(10%)	직매장수수료 (10~12%)	마진율 (20~35%)	제품가격

　　　　　　　　　년　　　　　월　　　　　일
　　　작성자 :　　　　　　　　　(인 또는 서명)

　　　업체명(공동체명) :

가공품 변경 신청서

■ 인적사항

성명(대표자)		업체명	
주소		연락처	

■ 제품현황

제품명		품목보고번호	

■ 변경사항

구분	변경 전	변경 후	변경사유
제품명			
유통기한			
원재료 또는 성분명 및 배합비율			

위와 같이 품목제조보고서에 따라 가공식품 변경을 신청합니다.

년   월   일

작성자 :   (인 또는 서명)

업체명(공동체명) :

가공식품 제품가격 변경 신청서

■ 인적사항

성명(단체명)		연락처	

■ 제품현황

제품명		기존가격	중량: / 가격:
제품가격		변경가격	중량: / 가격:

■ 제품가격 변경 사유

구분	수량	기존금액	변경금액	비고(원인)
가공 원재료 가격 상승				
가공 부재료 가격 상승				
제품 포장단가 상승				
인건비 상승				
기 타				
합계				

위와 같이 제품생산 단가 상승(변동)에 따라 판매가격을 변경하고자 함.

년   월   일

작성자 :   (인 또는 서명)

업체명(공동체명) :

용진농협 로컬푸드 직매장 출하약정서

결재	계원	책임자	책임자	책임자	조합장

▶ 「용진농협 로컬푸드 직매장 출하약정서」를 숙지하신 후 출하해주십시오.

1. 출하자의 조건과 출하자 등록에 관한 사항

1) 완주군 및 인근 지역의 농업인 및 가공인으로, 용진농협이 운영하는 「용진농협 로컬푸드 직매장」사업을 이해하고 협동조합의 의식을 가지고, 고객을 만족시킬 수 있는 농산품·가공품류를 제공하는 것이 가능할 것.

2) 출하 희망자는 용진농협에 출하등록을 하여야 합니다. (출하등록 신청에 관해서는 용진농협에 확인절차를 거쳐 주십시오.)

2. 출하 시간과 소포장실 이용에 관한 사항

1) 소포장시설 이용(바코드 출력 및 라벨지 부착)은 하절기 6시, 동절기 7시부터 개방합니다.

2) 직매장 진열 : 오전 8시 30분까지 완료하여 주십시오.

※ 출하 진열대는 각 출하장의 전용 진열대를 이용하여 주십시오.

※ 직매장 진열 후 분실품에 대하여는 생산자가 책임지고, 인수와 판매시점은 계산대를 통과하는 시점입니다.

3. 출하에 관한 사항

1) 출하 가격 체계

①최저단가는 500원으로 합니다. (단, 단위는 100원으로 한다.)

②용진농협 출하 라벨지에 출하자명, 상품명, 가격, 규격, 출하일자를 인쇄합니다.

③정정한 라벨지는 사용하지 마십시오.

2) 출하 라벨지를 붙이는 방법과 장소

①무 등 긴 것은「바코드가 세로 방향이 되도록 붙인다」

②네트 등 라벨지를 붙이기 힘든 상품에는「꼬리표 등에 라벨지를 붙인다」

③그 외의 상품류는 출하용기의 보이기 쉬운 곳에, 출하 라벨지가 떨어지지 않도록 붙인다.

④출하 바코드가 없는(떨어진 것 포함)것은 판매 불가능하고, 반품도 불가능한 경우가 있습니다. 출하 라벨지가 없는 것은 원칙적으로 임의 처분 물품이 됩니다.

3) 출하월일의 기입에 관한 사항

출하월일에 관한 주의사항

「출하월일이란,"출하자가 로컬푸드 직매장에 출하한 월일"을 말합니다.
예를들면, 출하 라벨지에「익일의 월일」을 기입해서 출하한 경우, 허위 기입이 됩니다.
아침수확·아침출하를 엄수해 주십시오.
야간의 출하는 사고, 도난의 우려가 있으므로 금지합니다.

---

4. 판매 일수에 관한 사항

1) 농산물

①엽채류 : 1일 ②과채류 : 1~2일 ③근채류 : 1~3일 ④화초류 : 1~3일

⑤건물류 : 30일 ⑥잡곡류 : 30일 ⑦구근류 : 1~4일

단, 품목에 따라 판매 일수 조정가능

2) 농산가공품

①빵·떡류 : 1일

②기타 가공품 : 유통기간 내 (업체에 30일 권장)

③가공품 출하는 사전에 등록이 필요하니, 로컬푸드 직매장 담당자와 상담하십시오.

3) 계란 : 4일

로컬푸드 직매장 담당자와 상담하여 등록하여 주십시오.

4) 상기 판매일수는 어디까지나 「기준」 이므로 출하 수량, 출하 시기, 안정성 또는 직매장의 상황에 따라서 판매 일수를 변경할 수도 있습니다. 또 그 외의 상품에 관해서는 로컬푸드 직매장 담당자와 확인해주십시오.

5. 출하수수료에 관한 사항

판매금액의 (1차 농산물 : 10%, 농가공품 : 12%, 정육 : 13%)

6. 정산에 관한 사항

1) 주 1회 정산을 원칙으로 합니다.

2) POS 계산대를 통한 물건이 매상이 되고 정산의 대상이 됩니다.

3) 개인마다 정산서를 발행합니다.

7. 잔품과 잔품 처분에 관한 사항

1) 출하농가의 잔품 수거는 익일 오전 7시~오후 5시까지입니다.

2) 상기 시간까지 올 수 없는 경우는 점포관리, 식품위생관리 등의 문제로 임의

처분함을 양해해주시기 바랍니다.

3) 출하품에 따라서는 판매중이더라도 품질 상태에 따라 직매장의 판단으로 처분하는 경우가 있기 때문에 양해해주시기 바랍니다.

4) 해당 출하자만이 잔품을 보관소에서 가지고 갈 수 있습니다.

5) 잔품 보관소 및 로컬푸드 직매장 부지 내에서 잔품의 「양도·판매」는 금지합니다.

6) 타인의 출하품을 가지고 돌아가는 것을 절대 금합니다. 도난의 행위로 보여지는 경우가 있습니다. 문제 발생시, 용진농협에서는 법적 수단으로 대응하기 때문에 양해해주시기 바랍니다.

8. 출하자 책임과 출하약정 위반에 관한 사항

1) 아래의 사항을 위반하는 출하자는 출하 정지, 출하 등록 말소처분이 되는 경우가 있습니다.

①출하자가 점포 내에서 개인 판매와 양도 행위를 한 경우

②자가생산하지 않는 농산물을 출하하는 경우

③본인 이외의 출하품, 출하잔품을 마음대로 가지고 가는 경우

④출하용 진열대를 무단으로 가지고 가는 경우

⑤반품한 물건의 출하 라벨지 위에 다시 출하 라벨지를 붙여서 출하하는 경우

⑥검사기관의 조사 결과가 부적합한 경우 (별도 검사비용의 부담 요)

⑦친환경농산물 표시제도, GAP관리제도, 식품위생법, 농약취급법, 비료취급법, 그 외 관계법에 위반되는 경우

⑧부적절한 품질관리에 따른 클레임이 발생한 경우

⑨그 외 용진농협 로컬푸드 직매장 운영규칙을 위반하는 경우

2) 책임자의 책임범위

①클레임과 사고의 발생 원인이 출하자에게 있다고 판명되는 경우, 출하자의 전적인 책임으로 처분됩니다.

9. 그 외의 출하 등록에 필요한 서류

1) 농산물 : 농지원부

2) 농산가공품류

　①사업자등록증

　②영업신고증(등록증)

　③통장사본

　④품목제조보고서

　⑤검사성적서

　⑥시험성적서

　⑦농산물구매확인증

　⑧입금확인증

　⑨원산지증명서

　⑩농지원부

　⑪제품사진

　⑫가공품의 출하(법적사항을 포함)을 전부 충족시켜야 할 것

3) 계란류

　①축산업(가축사육원)등록증 또는 허가증

　②식용란수집판매업

　③잔류물질검사결과(전라북도축산위생연구소)

　④선별기, 세척기 구비

4) 과수류

①일반 과수류는 1년 1회밖에 수확하지 않으므로 생산자가 소중하게 길러온 상품이기에 소중하게 판매하여야 합니다.

②출하자 전원이 안심하고 출하하고, 구매고객이 안심하고 구입할 수 있도록 재배이력의 제출이 필요합니다.

10. 그 외

1) 출하와 등록, 정산 등 의문사항이 있는 경우는 용진농협 로컬푸드 직매장에 연락해 주십시오.

2) 이 출하약정서는 출하에서부터 정산에 관한 것 전부를 안비한 것은 아닙니다. 새로 발생하는 문제에 관해서는 수시 대응하고 있으므로 장래 출하약정서의 내용이 변경되는 경우도 있으니 양해 바랍니다.

11. (관할법원) 분쟁이 있을 시 소송은 용진농협 주소지를 관할하는 법원에 제기하기로 합니다.

※ 용진농협 로컬푸드 직매장 출하약정서를 잘 읽고 이해하였으며 준수할 것을 서명합니다.

주 소 :
연락처 :
성 명 :   (인)

로컬푸드직매장 신규 출하교육 신청서

(　　　년　　　월　　　일)

결재	계원	책임자	책임자	책임자	조합장

■ 기본정보

	성 명	
	생년월일	
	주 소	
	조합원 여부	조합원(　　), 준조합원(　　), 비조합원(　　)
자택전화		휴대전화

■ 영농정보

영농규모 재배면적	하우스 재배	노지 재배	합 계
	동수 :　 ,　　㎡	㎡	㎡
재배지 주소			
생산 품목			

월 별 생 산 계 획 (단위:kg)													
품종	1월	2월	3월	4월	5월	6월	7월	8월	9월	10월	11월	12월

■ 인증정보

친환경	GAP	완주로컬푸드	비 고

용진농업협동조합 전화 : 063-243-7009 팩스 : 063-243-5123

개인정보 수집·이용·제공 동의서

(로컬푸드직매장 신규 출하교육)

용진농협 귀중

용진농협과의 로컬푸드직매장 신규 출하교육과 관련하여 본 조합이 본인의 개인정보를 수집·이용·제공하고자 하는 경우에는 『개인정보 보호법』 제15조 제1항 제1호, 제24조 제1항 제1호에 따라 본인의 동의를 얻어야 합니다. 이에 본인은 귀 조합이 아래의 내용과 같이 본인의 개인정보를 수집·이용·제공하는 것에 동의합니다.

1. 수집·이용·제공에 관한 사항

구분	내용
수집·이용·제공 목적	로컬푸드직매장 신규 출하교육 안내 및 모집을 위해
수집·이용·제공할 항목	성명, 주소, 연락처(휴대폰번호), 영농정보 등
보유·이용·제공 기간	위 개인정보는 수집·이용·제공에 관한 동의일로부터 제공자의 거부의사를 표시하기 전까지 이용목적을 위하여 보유(증빙서 원본 및 전산자료)·이용됩니다.
동의를 거부할 권리 및 동의를 거부할 경우의 불이익	위 개인정보의 수집·이용·제공에 관한 동의를 거부할 권리가 있으며, 거부 시에는 로컬푸드직매장 신규 출하교육 안내 및 모집이 불가능하며, 용진농협에 로컬푸드의 출하가 불가할 수 있습니다.
수집·이용·제공 동의 여부	당 농협이 위와 같이 본인의 개인정보를 수집·이용·제공하는 것에 동의합니다. (동의함 □, 동의하지 않음 □)

본인은 본 동의서의 내용을 이해하였으며, 상기의 개인정보 수집·이용·제공에 관해 동의합니다.	20 년 월 일 성 명 : 서명 또는 (인) 주 소 : 연락처(휴대폰번호) :

로컬푸드직매장 출하 농업인 카드

(년   월   일)

결재	계원	책임자	책임자	책임자	조합장

■ 기본정보

	성 명	
	생년월일	
	주 소	
	조합원 여부	조합원( ), 준조합원( ), 비조합원( )
자택전화		휴대전화

■ 영농정보

영농규모 재배면적	하우스 재배	노지 재배	합 계
	동수: , m^2	m^2	m^2
재배지 주소			
생산 품목			

월별 생산 계획(단위:kg)												
품종	1월	2월	3월	4월	5월	6월	7월	8월	9월	10월	11월	12월

■ 인증정보

친환경	GAP	완주로컬푸드	비 고

용진농업협동조합 전화 : 063-243-7009 팩스 : 063-243-5123

개인정보 수집·이용·제공 동의서

(로컬푸드직매장 출하약정거래)

용진농협 귀중

용진농협과의 재화 및 용역 거래와 관련하여 귀 조합이 본인의 개인정보를 수집·이용·제공하고자 하는 경우에는 『개인정보 보호법』 제15조 제1항 제1호, 제24조 제1항 제1호에 따라 본인의 동의를 얻어야 합니다. 이에 본인은 귀 조합이 아래의 내용과 같이 본인의 개인정보를 수집·이용·제공하는 것에 동의합니다.

1. 수집·이용·제공에 관한 사항

수집·이용·제공 목적	1. 로컬푸드직매장 이용고객에 대하여 직매장 운영 농·축협과 출하농업인(개인)의 로컬푸드 출하약정에 대한 거래입증 시 활용 2. 로컬푸드직매장 출하농산물 안전성검사(잔류농약 등)를 위하여 수거검사 기관에 출하자 개인정보제공
수집·이용·제공할 항목	성명, 주소, 연락처(휴대폰번호), 영농정보 등
보유·이용·제공 기간	위 개인정보는 수집·이용·제공에 관한 동의일로부터 로컬푸드직매장 출하약정이 종료되는 시점까지 위 이용목적을 위하여 보유(증빙서 원본 및 전산자료)·이용됩니다.
동의를 거부할 권리 및 동의를 거부할 경우의 불이익	위 개인정보의 수집·이용·제공에 관한 동의를 거부할 권리가 있으며, 거부 시에는 로컬푸드직매장 운영 농·축협과 출하농업인(개인)과의 로컬푸드 출하약정에 대한 입증자료로 이용하지 못하여 당 농·축협에 로컬푸드의 출하가 불가할 수 있습니다.
수집·이용·제공 동의 여부	당 농 축협이 위와 같이 본인의 개인정보를 수집·이용·제공하는 것에 동의합니다. (동의함 ☐, 동의하지 않음 ☐)

본인은 본 동의서의 내용을 이해하였으며, 상기의 개인정보 수집·이용·제공에 관해 동의합니다.

20   년   월   일
성 명 :   서명 또는 (인)
주 소 :
연락처(휴대폰번호) :

로컬푸드직매장 출하 가공 농업인 카드

(년   월   일)

결재	계원	책임자	책임자	책임자	조합장

■ 기본정보

	성 명	
	생년월일	
	주 소	
	조합원 여부	조합원( ), 준조합원( ), 비조합원( )
자택전화		휴대전화

■ 기업정보

구분	형태	규모	종업원수
사업장 주소			
생산 품목			

월 별 생 산 계 획(단위:kg)

품종	1월	2월	3월	4월	5월	6월	7월	8월	9월	10월	11월	12월

■ 인증정보

HACCP	유기가공식품	완주로컬푸드	비 고

용진농업협동조합 전화 : 063-243-7009 팩스 : 063-243-5123

개인정보 수집·이용·제공 동의서
(로컬푸드직매장 출하약정거래)

용진농협 귀중

용진농협과의 재화 및 용역 거래와 관련하여 귀 조합이 본인의 개인정보를 수집·이용·제공하고자 하는 경우에는 『개인정보 보호법』 제15조 제1항 제1호, 제24조 제1항 제1호에 따라 본인의 동의를 얻어야 합니다. 이에 본인은 귀 조합이 아래의 내용과 같이 본인의 개인정보를 수집·이용·제공하는 것에 동의합니다.

1. 수집·이용·제공에 관한 사항

항목	내용
수집·이용·제공 목적	1. 로컬푸드직매장 이용고객에 대하여 직매장 운영 농·축협과 출하농업인(개인)의 로컬푸드 출하약정에 대한 거래입증 시 활용 2. 로컬푸드직매장 출하농산물 안전성검사(잔류농약 등)를 위하여 수거검사 기관에 출하자 개인정보제공
수집·이용·제공할 항목	성명, 주소, 연락처(휴대폰번호)
보유·이용·제공 기간	위 개인정보는 수집·이용·제공에 관한 동의일로부터 로컬푸드직매장 출하약정이 종료되는 시점까지 위 이용목적을 위하여 보유(증빙서 원본 및 전산자료)·이용됩니다.
동의를 거부할 권리 및 동의를 거부할 경우의 불이익	위 개인정보의 수집·이용·제공에 관한 동의를 거부할 권리가 있으며, 거부 시에는 로컬푸드직매장 운영 농·축협과 출하농업인(개인)과의 로컬푸드 출하약정에 대한 입증자료로 이용하지 못하여 당 농·축협에 로컬푸드의 출하가 불가할 수 있습니다.
수집·이용·제공 동의 여부	당 농 축협이 위와 같이 본인의 개인정보를 수집·이용·제공하는 것에 동의합니다. (동의함 ☐, 동의하지 않음 ☐)
본인은 본 동의서의 내용을 이해하였으며, 상기의 개인정보 수집·이용·제공에 관해 동의합니다.	20 년 월 일 성 명 : 서명 또는 (인) 주 소 : 연락처(휴대폰번호) :

출하 농업인에 대한 제재 기준

■ 대상
- 로컬푸드직매장 품질관리기준 위배 상품

※ 친환경농산물 및 농산물의 허용기준치 이상의 잔류농약이 검출된 경우에는 생산자, 그가 출하하는 모든 품목을 제재대상에 포함.

■ 위배사안별 제재 내용

구분	제재 사유	제재 내용
기본 사항 위배	- 로컬푸드 직매장 품질기준 위배, 불균일한 선별 - 포장재, 스티커 등 사용시 매뉴얼 미준수	1차. 경고 및 시정조치 2차. 3개월 출하금지 3차. 영구출하금지
법규 위배	관련법규에서 규정한 허용기준치 이상의 잔류농약검출 친환경농산물 인증내용 허위 기재 상기 기본사항 위배 3회 반복	1차. 3개월 출하금지 2차. 1년 출하금지 3차. 영구출하금지

용진농협 로컬푸드 직매장 농산물 분류별 진열기한

■ 출하일 기준

분 류	품 목	출하일로부터 매장진열기간(일)	비 고
엽채류	상추, 부추 등	1	
버섯류	새송이, 느타리 등	1	
과채류	토마토, 오이 등	2	
근채류	당근, 무 등	2	
과일류	사과, 배 등	4	
구근류	고구마, 감자 등	4	
건채류	무말랭이, 건고사리 등	30	
견과류	호두, 땅콩 등	30	
곡류, 콩류	쌀, 콩 등	30	

■ 제조일자 기준

구 분	분 류	제조일로부터 매장진열기간(일)	비 고
두 부	두부, 묵	2	
유제품	우유, 두유	3	
	발효유	7	요거트
	치즈 / 숙성치즈	30 / 90	구워먹는 치즈, 베르크치즈
음료류	식혜, 수정과	10	
	탁주	15	
	콩물	1	
	즙	90	
	기타 음료	60	액상차, 과채음료
발효액	진액, 농축액	90	
	발휴식초	90	
잼 류	잼, 조청	90	
반찬류	생면 / 즉성섭취식품	5 / 10	단호박죽, 즉석순두부
	조림, 절임, 기타(즉석 반찬)	30	장조림, 콩자반 등
	장아찌	90	
	다진 마늘·생강	60	
	김	60	김부각
	겉절이 / 김치	3 / 7	「포장일」로 관리
	육가공류(냉동)	90	돈까스, 떡갈비, 훈제
드레싱	드레싱	90	
장 류	청국장(냉장, 냉동)	30 / 60	
	간장, 고추장, 된장	90	
	기타 : 혼합장	90	쌈장, 막장
엿기름	엿기름	90	
제 과 제빵류	일반 빵류, 도너츠	1	
	카스텔라, 둥근호떡	2	
	초코파이	4	
	쿠키류	14	
기 타 간식류	일반 떡(실온)	1	
	과자(강정, 누룽지, 뻥튀기 등)	60	
	당절임(편강)	60	
	만두(피만두, 빵만두)	1	
유지류, 볶음깨	참·들기름, 볶음깨	90	
다류, 소금	침출차, 소금	90	
분말, 환	분말(가루), 환	90	

용진농협 로컬푸드직매장 월별 농산물 판매 순위

순번	1월 매출액	2월 매출액	3월 매출액	4월 매출액	5월 매출액	6월 매출액	7월 매출액	8월 매출액	9월 매출액	10월 매출액	11월 매출액	12월 매출액
1	딸기	딸기	딸기	딸기	딸기	딸기	복숭아	복숭아	거봉	건고추	절임배추	딸기
2	곶감	대추토마토	대추토마토	대추토마토	대추토마토	대추토마토	블루베리	거봉	건고추	무	무	대추토마토
3	사과	완숙토마토	완숙토마토	완숙토마토	수박	수박	수박	대추토마토	배	쪽파	대추토마토	곶감
4	대추토마토	상추	상추	양파	완숙토마토	완숙토마토	대추토마토	건고추	대추토마토	대추토마토	생강	대파
5	한라봉	대파	양파	상추	양파	양파	옥수수	포도	메론	상추	쪽파	완숙토마토
6	대파	후리지아	쪽파	파프리카	상추	토마토	찰옥수수	블루베리	대파	대파	대파	양파
7	배	쪽파	오이	오이	감자	상추	거봉	고추	상추	유정란	배추	생강
8	완숙토마토	냉이	파프리카	열무	블루베리	감주	완숙토마토	상추	사과	청양고추	완숙토마토	당근
9	더덕	오이	후리지아	두릅	열무	블루베리	깻잎	수박	쪽파	생강	배	배
10	상추	고구마	유정란	감자	파프리카	열무	플럼코트	대파	고구마	배	당근	상추
11	도라지	감자	당근	마늘	당근	파프리카	대파	오이	고추	밤	건고추	땅콩
12	무	당근	대파	사과	대파	당근	유정란	무화과	오이	고추	마늘	무
13	느타리	곶감	고구마	유정란	유정란	대파	열무	깻잎	깻잎	배추	들깨	고구마
14	당근	무	열무	대파	오이	유정란	상추	찰옥수수	청양고추	꿀고구마	대봉시	파프리카
15	땅콩	양파	사과	당근	깻잎	오이	가지	옥수수	무	시금치	양파	서리태
16	시금치	청양고추	불미나리	청양고추	마늘쫑	깻잎	당근	쪽파	얼갈이배추	땅콩	상추	팥
17	냉이	달래	무	꽈리고추	마늘	마늘쫑	마늘	열무	포도	단감	깐생강	마늘
18	고구마	느타리	청양고추	고구마	브로콜리	마늘	자두	청양고추	마늘	당근	시금치	시금치
19	풋마늘	시금치	감자	불미나리	사과	브로콜리	양파	마늘	양파	양파	청국장	양배추
20	배추	마늘	연근	아삭이고추	느타리	사관	고구마줄기	가지	도라지	마늘	건대추	건대추

품목 단위별 월 판매 순위

1월

순위	과채류	과일류	엽채류	근채류	화훼류	특산류	잡곡류
1	딸기	곶감	대파	양파	후리지아	느타리	서리태
2	대추토마토	배	시금치	당근	튤립	생표고	팥
3	완숙토마토	부사	상추	꿀고구마	스토크	새송이	귀리
4	파프리카	감말랭이	양배추	단호박꿀고구마	백합	팽이버섯	찰보리쌀
5	흑토마토	건대추	브로콜리	감자	스타티스	양송이	찰수수

2월

순위	과채류	과일류	엽채류	근채류	화훼류	특산류	잡곡류
1	딸기	곶감	대파	꿀고구마	후리지아	느타리	서리태
2	대추토마토	배	시금치	양파	튤립	생표고	팥
3	완숙토마토	한라봉	쪽파	당근	스타티스	새송이	귀리
4	파프리카	사과	상추	도라지	장미	팽이버섯	찰수수
5	청양고추	레드향	냉이	연근	스토크	양송이	찰보리쌀

3월

순위	과채류	과일류	엽채류	근채류	화훼류	특산류	잡곡류
1	딸기	부사	대파	양파	후리지아	느타리	서리태
2	대추토마토	곶감	쪽파	꿀고구마	튤립	표고버섯	귀리
3	완숙토마토	블루베리	상추	마늘	장미	새송이	찰보리쌀
4	파프리카	사과부사	냉이	연근	스타티스	팽이버섯	팥
5	청양고추	배	취나물	수미감자	스토크	양송이	찰흑미

4월

순위	과채류	과일류	엽채류	근채류	화훼류	특산류	잡곡류
1	딸기	부사	대파	양파	후리지아	느타리	서리태
2	대추토마토	블루베리	상추	감자	장미	표고버섯	귀리
3	완숙토마토	곶감	두릅	마늘	스타티스	새송이	아주까리
4	파프리카	건대추	열무	꿀고구마	시넨시스	팽이버섯	팥
5	오이	감말랭이	불미나리	당근	카라	양송이	찰흑미

5월

순위	과채류	과일류	엽채류	근채류	화훼류	특산류	잡곡류
1	딸기	블루베리	대파	양파	시네시스	생표고	서리태
2	수박	곶감	상추	감자	백화고	느타리	귀리
3	대추토마토	건대추	열무	마늘	장미	새송이	아주까리
4	완숙토마토	감말랭이	깻잎	당근	카라향	팽이버섯	찰보리쌀
5	파프리카	매실	마늘쫑	무	스타티스	양송이	혼합5곡

6월

순위	과채류	과일류	엽채류	근채류	화훼류	특산류	잡곡류
1	수박	블루베리	상추	감자	장미	생표고	찰흑미
2	대추토마토	복숭아	대파	마늘	백합	느타리	팥
3	옥수수	자두	깻잎	양파	국화	새송이	귀리
4	딸기	살구	열무	당근	장미	팽이버섯	쥐눈이콩
5	완숙토마토	오디	호박잎	무	거베라	양송이	서리태

7월							
순위	과채류	과일류	엽채류	근채류	화훼류	특산류	잡곡류
1	수박	복숭아	상추	마늘	리시안사스	생표고	강낭콩
2	옥수수	블루베리	대파	양파	거베라	느타리	귀리
3	찰옥수수	포도	깻잎	당근	겹백합	새송이	찰보리쌀
4	대추토마토	거봉	열무	감자	백합	팽이버섯	혼합5곡
5	토마토	사과	고구마줄기	깐마늘	금화규	양송이	찰보리

8월							
순위	과채류	과일류	엽채류	근채류	화훼류	특산류	잡곡류
1	건고추	복숭아	상추	마늘	거베라	생표고	찰보리쌀
2	고추	거봉	쪽파	양파	리시안사스	느타리	귀리
3	수박	청포도	열무	꿀고구마	겹백합	새송이	강낭콩
4	옥수수	블루베리	대파	무	백합	팽이버섯	녹두
5	대추토마토	포도	깻잎	당근	금화규	양송이	혼합5곡

9월							
순위	과채류	과일류	엽채류	근채류	화훼류	특산류	잡곡류
1	메론	배7.5kg	상추	마늘	장미	생표고	찰보리쌀
2	건고추	배	쪽파	무	금화규	느타리	귀리
3	참깨	복숭아	배추	양파	튤립	새송이	동부콩
4	고추	포도	대파	더덕	거베라	팽이버섯	강낭콩
5	대추토마토	청포도	얼갈이배추	연근	리시안사스	양송이	녹두

10월							
순위	과채류	과일류	엽채류	근채류	화훼류	특산류	잡곡류
1	참깨	사과대추	쪽파	무	국화	느타리	팥
2	땅콩	배	상추	마늘	금화규	생표고	귀리
3	대추토마토	홍시	대파	생강	튤립	새송이	찰보리쌀
4	고추	왕대추	배추	양파	거베라	팽이버섯	강낭콩
5	건고추	무화과	얼갈이배추	당근	장미	양송이	서리태

11월							
순위	과채류	과일류	엽채류	근채류	화훼류	특산류	잡곡류
1	딸기	배	쪽파	무	국화	표고버섯	서리태
2	대추토마토	대봉시	배추	마늘	금화규	느타리	팥
3	완숙토마토	곶감	상추	생강	장미	새송이	귀리
4	땅콩	건대추	대파	양파	백합	팽이버섯	찰보리쌀
5	고추	부사	갓	당근	스토크	양송이	메주콩

12월							
순위	과채류	과일류	엽채류	근채류	화훼류	특산류	잡곡류
1	딸기	곶감	상추	마늘	백합	생표고	서리태
2	대추토마토	배	배추	당근	국화	느타리	팥
3	완숙토마토	건대추	대파	양파	금화규	새송이	메주콩
4	땅콩	감말랭이	시금치	무	장미	팽이버섯	찰보리쌀
5	파프리카	블루베리	쪽파	생강	스토크	양송이	귀리

MEMO

MEMO

MEMO